训练有意记忆的

N 个法则 的

下

XUNLIAN
YOUYIJIYIDE N GEFAZE

王露◎编著

中国出版集团

现代出版社

图书在版编目（CIP）数据

训练有意记忆的 N 个法则（下）／王露编著. —北京：现代
出版社，2014.1

ISBN 978-7-5143-2104-3

Ⅰ. ①训…　Ⅱ. ①王…　Ⅲ. ①记忆术 – 青年读物
②记忆术 – 少年读物　Ⅳ. ①B842.3 – 49

中国版本图书馆 CIP 数据核字（2014）第 008518 号

作　　者　王　露
责任编辑　王敬一
出版发行　现代出版社
通讯地址　北京市安定门外安华里 504 号
邮政编码　100011
电　　话　010 – 64267325 64245264（传真）
网　　址　www.1980xd.com
电子邮箱　xiandai@cnpitc.com.cn
印　　刷　唐山富达印务有限公司
开　　本　710mm×1000mm　1/16
印　　张　16
版　　次　2014 年 1 月第 1 版　2023 年 5 月第 3 次印刷
书　　号　ISBN 978-7-5143-2104-3
定　　价　76.00 元（上下册）

目 录

目　录

第二讲　有意栽花，胜过无心插柳（下）

（十）注意方法是基础

有哲人曾经说过：方法是记忆之母。这话确有道理。

"唉，今天真的不想学习！"

"现在我宁愿出去玩玩，其他事一概不想做。"

"先别做了，等会儿再说吧。"就这样把要干的事拖了一下，结果给学习工作带来极大的绊脚石。学习记忆某东西时，有时也滋生类似情绪，使之记忆效果大打折扣。但是怎样控制情绪呢？

1. 控制情绪的三大步骤

这个问题看似简单，却相当重要。只有解决了这个问题，你才能在改进记忆效能方面把步子迈得更大一些。为此，我们想简明扼要地为青少年介绍一下控制情绪的三个步骤。

第一个步骤：

当你产生某种滞涩情绪时，你应首先敏感地意识到："我正被某种奇怪念头转移奋斗的目标。"如果你迎合了这种滞涩的情绪，无疑就是向某种奇怪的念头屈服了。这些奇怪的念头多种多样，也许是想读小说，也许是想看电视，也许是想听音乐，也许是想玩电游。不管它是以什么形式出现，其目的只有一个，就是迫使你成为它的奴隶，就是阻止你完成业已确定的学习任务。

如果你想提高自己的记忆能力，就需要有一种明确的意识，决不能让形形色色的奇怪念头左右自己，决不能轻意地放纵自己，沦为情绪的奴隶。

第二个步骤：

尽快着手做那些业已确定要做的事情。刚才讲了，奇怪的念头，随时都会出现。它是你前进道路上的陷阱。稍有不慎，就会陷入这个难以自拔的圈套。今天，你可能仅仅推迟了一两分钟，明天，你就有可能推迟一两个小时。长此以往，你推迟的时间必然会越拉越长，无端地消磨了宝贵的时光。

因此，你要时刻保持清醒的头脑，凡事不能有片刻的迟疑。该做的，马上就做。不能让情绪摆布自己，而是应当成为情绪的主人。

第三个步骤：

不受任何干扰，继续工作，直至完成。

不要误以为自己已经掌握了控制情绪的前两个步骤，就不会再受情绪的干扰了，就可以轻松一下了，这是大错特错的想法。

这使我们想起了一位戒酒者的故事。某日，一位嗜酒者从单位回家。路上，他下决心不再像以往那样喝得酩酊大醉，而是滴酒不沾。抱着这种信念，他路过了一家又一家酒店，真的没有停下来，甚至不想任何有关酒的事情。最后，他平安地走到了家门口，正要推门进家，竟然转回身来，看到附近一家酒店，自言自语道："今天表现不错，应当奖励，还是来上一盅吧！"于是，他又向酒店走去。

这位戒酒者"功亏一篑"告诉我们，要时刻警惕情绪的侵扰，直到完成既定的学习任务。

2. 跨过"记忆的死亡线"

正如长跑运动员都有运动量的极限，他们只有突破极限才能获胜；同样，我们在记忆训练中也面临这一状况。比如：有时你会发现自己正以异乎寻常的速度获取新的知识，记忆效能也被充分地调动起来，仿佛不知疲倦地为你工作。但是转瞬间，你又会蓦地感到记忆机关好像出了什么毛病，运转不灵了，甚至，你感到自己又退回到原来的起点上。

为此，你感到悲观失望，甚至怀疑自己的一切努力都将是竹篮打水一场空。

事实当然不是这样。这种现象是正常的、短暂的，人人都有可能遇到，就好像大脑一片空白，所有的记忆机能都处于一种停歇状态。

这种现象，我们称之为"记忆的死亡线"。

一般情况下，不管你学什么，开始的时候，记忆效率总是很高，用不了多久，你就能初步摸索出一些掌握这门知识的路数。这时，你的记忆功能就像是加了油的机器，动转得十分轻快，又像是高山滑雪的运动员，从高山顺坡滑下，大有一泻千里之势。

然而，初步掌握的知识毕竟是有限的。随着知识视野的开阔，你会越发感到该记的东西太多，或是公式，或是词句，或是数据，如此等等，都应当记住。

遗憾的是，正需要记忆功能鼎力相助的时候，它却懈怠下来。到后来，它甚至好像完全在原地踏步，再难以百尺竿头更进一步了。这时，实际已到了"记忆的死亡线"上了。这就像高山滑雪运动员，滑到一处平地，速度必然会越来越慢，但是，慢归慢，它并没有完全停下来，直至另一个高坡前，速度才会完全停顿下来。

同样的道理，记忆功能也一直在"记忆的死亡线"上慢慢运行着，直至你接触到新的学习材料、向新的知识高峰攀登为止。以后，你又开始识记新的东西，而以往的学科知识不再闯入记忆范围。

如果你是个弱者，面对着"记忆的死亡线"的来临，你会沮丧万分，重新沦为情绪的奴隶。

如果你是个强者，你就会达观地面对现实，寻找着新的对策，闯过"记忆的死亡线"。

需要记住：

（1）控制自己的情绪，决不能放任自己沦为情绪的奴隶。

（2）能今天做的事就今天做，决不能延宕迟滞。

（3）咬紧牙关，完成已确定的任务，决不能三心二意。

（4）"紧张状态"有助于记忆，决不能漫不经心的工作。

（5）大脑不会疲倦，决不能迁就自己。

（6）科学地安排记忆时间，最大限度地利用自己的时间和精力。

（7）在"记忆的死亡线"上，决不能气馁、停顿或后退。

把这些简单的道理运用到实践中去，你就能把自己的记忆能力再提高一步。

（十一）健康的体魄促进记忆

1. 大脑健康最重要

这是显而易见的，因为大脑是人进行记忆活动的工具，只有保证大脑的健康，才可能有良好的记忆。如果大脑由于某种原因而不健康，信息输入后不能很好编码、储存，不能很快形成牢固的条件反射，也就不能有效地记忆。

比如神经衰弱症患者经常头晕、心悸、眼花、耳鸣，夜间失眠，白天困倦。他们共同的苦恼之一就是健忘，什么也记不住。脑出血、脑血栓、脑震荡、脑瘤、脑炎、中毒性脑病等脑实质有严重疾病的人，都有记忆减退甚至消失的表现。所以，要想记忆好，首先要保证大脑的健康。

此外，还应在以下诸方面保证脑生理功能的健全：

（1）大脑越用越灵

大脑是人体的最高指挥机关。据估计，大脑皮层的脑细胞数大约在 100 亿到 150 亿之间，它们组成了各种中枢神经，分管运动、感觉、内脏和智力等。人的脑细胞数在二十岁以前不变，过二十岁以后，每天大约死亡 10 万个左右，到八十岁时，就能减少二十岁时的 37%。

脑细胞数不仅与人的年龄有关，而且还与每个人脑细胞活动的情况有关。年轻时不太肯用脑的人，脑细胞就增加死亡，头脑容易失灵，脑功能逐渐减退。

因此，年轻时应发奋学习，勤于思考，记忆大量的知识，这对提高大脑功能，增加我们的聪明才智，是极其重要的。不要担心记忆的知识太多，会把脑子用坏。

人脑的记忆潜力大得惊人。仅以人脑的记忆容量来说，人能记住多少东西呢？有人估计，全世界图书馆藏书 7 亿 7 千万册左右，它们所包含的信息量总共为 4600 万亿毕特（毕特是信息量的单位，假如你用手盖住一枚硬币，让人猜正面还是反面向上，这里所包含的信息量就是一毕特。），这正好和一个人的脑子所能记忆的信息量大体相当。

可见，一个人的脑子有多么巨大的记忆潜力，因而决不会出现要记的太多装不下的危险，倒是几乎人人都是脑内还有空而未用的潜力就死去。大脑和人体各种器官一样，越用越灵。

国内外许多著名的科学家、作家和政治活动家，年逾八十甚至九十的高龄，仍能保持清晰的头脑，精力充沛地著书立说，这与他们终生勤奋思考是分不开的。

（2）了解大脑"生物钟"的活动节律

人们的脉膊跳动、呼吸、体温变化、睡眠和血细胞数目，甚至许多激素的分泌量等等，都在一昼夜之中有一定的波动，显现出人体生理活动中的种种节律性（即周期性）的现象。现代科学研究发现，人体内部有许多"钟表"，叫"生物钟"，它们指挥着人体的各种活动，人体内有时间节律的现象，就是靠"生物钟"来调节的。

在"生物钟"的调节下，身体的一切活动，在 24 小时内或一段时间内有周期性的变化规律，但这种变化规律因人而异。人的脑细胞活动，也有周期性的变化规律。在一定的时候脑子特别灵，在一定的时候则不灵，例如：有的青少年在早晨学习记忆效果好，有的却是临睡前记忆能力强，也有的在下午精神抖擞，头脑清楚。

因此，了解自己大脑"生物钟"的活动节律，对提高有意记忆是十分必要的。如果我们每个人都能摸索出自己大脑的活动规律，在脑子灵时抓紧学习，解决难点和重点，便会效果倍增。强迫自己在大脑不灵时学习，往往徒劳无功，或者效果很差。

（3）大脑的营养，需要充足的氧气

人们都知道，人体各个器官组织之所以能够生存和工作，离不开氧气。大脑是人体器官之一，它要新陈代谢，需要经常不断地补充营养。

首先，脑组织最喜欢"吃"氧气，它的耗氧量极大，小小的脑袋瓜，耗氧量竟占了全身耗氧总量的1/4左右。所以，一方面我们复习功课的环境要求空气新鲜；一方面在复习时，不要整天趴伏在书桌上，这样限制了胸廓的收缩与舒张，影响吸收氧气和排出二氧化碳气。

氧气由呼吸系统吸入并由血液输送到身体任何一个角落里去。一个人全身血液总量为其体重的5%—7%，也就是说如果一个人的体重是50公斤，那么其中血液为2.5公斤，即5000毫升左右。人脑重量平均为小于500克，仅占体重量的3%，但它却占有全身血液总量的25%。

据统计，每分钟流入脑组织的新鲜血液达700多毫升，占心脏搏出血量的1/6。24小时中，流经大脑的血液多达2400升，相当于全身总血量的400倍，换句话说就是全身血液在一昼夜要流经大脑400次。大脑的血管纵横交错，织成网络。把脑部所有的血管接起来，总长度达12万米以上。以上都说明脑需要大量的血液。

在智力活动时，当然包括记忆在内，需要的血流就更多了。20世纪末，意大利生理学家安詹洛·莫索（1846—1910）散了一个有趣的实验。他让一个人安静地躺在一台特制的天平上，使它保持平衡。当这个人开始智力活动后，头部变重，以至使天平向头侧倾斜，这说明智力活动时，脑部血流量增加。

另据生理实验证明，在进行紧张的智力活动时，大脑表面的温度比睡眠时平均提高0.2℃—0.5℃，这也说明智力活动时脑部的血液供应增加，新陈代谢加速。

此外，大脑对蛋白质、碳水化合物、脑磷脂等物质的需要也比其它器官的需要多得多。脑细胞紧张工作时，还需要较多的维生素 B_1、维生素 B_2 和维生素 C。

因此，学习期间我们吃些鸡蛋、瘦肉、猪脑、羊脑、蔬菜、水果等，补充上述营养，是十分必要的。必须指出，营养不是提高脑功能的决定因素，人的大脑聪明与否，关键在于是否勤奋学习。离开了勤奋，任何营养和补药也无济于事。如果有人懒于用脑，而把希望寄托于营养和补药，妄想以营养代替勤奋，以营养作为获得优异成绩的手段，这显然是错误的。

有的青少年，在自学复习时大量吸烟，用烟来提精神。烟虽然可以暂时使脑细胞兴奋，但害处很大，它能使脑功能下降，记忆力减退。有吸烟习惯的青年，最好戒烟。

为了保证血液里含有充足的氧气，要做到：

①多做户外活动。

②必须避免长时间在烟气腾腾、空气污浊的室内停留过久。应每小时到户外活动一次，或开窗深呼吸1—2分钟。

③应该每周有一天到露天活动，并且至少8小时以上。

（4）睡眠与大脑的关系

睡眠对大脑是最好的休息，同时，充足的睡眠也有助于有意记忆。睡眠的好坏与复习效率有着密切的联系。现代科学实验证明，睡眠不单是神经系统的抑制状态，而是神经细胞的活动形式的改变。

有人认为，人在睡眠时，大脑扼要地复述当天的种种事情，并且清理掉那些琐碎无用的东西和令人腻味的重复的东西，以免它们乱糟糟，地堆塞在我们的"记忆仓库"里。从而保证了脑子的效能。所以睡眠越好，脑细胞的功能越好，学习效率也越好。睡眠是脑的生理保护性抑制状态。它有非快眼动和快眼动两种时相。正常睡眠是从非快眼动睡眠开始，持续约 80—120 分钟；然后转入快眼动睡眠，再持续约 20—30 分钟。

一夜中两种时相交替 4—5 次。做梦就是在快眼动睡眠时相中进行的。睡眠对恢复大脑的活动机能是绝对必要的。睡眠障碍则有害于大脑机能的恢复。

快眼动睡眠和做梦对于学习和记忆有重要作用。研究表明，学习之前和学习之后（两种不同情况）剥夺快眼动睡眠，都会影响对记忆材料的保持与巩固，特别是影响到那些需要长时间集中注意力的作业和最没有兴趣的内容的保持与巩固。

还有一些心理学家认为，短时记忆转为长时记忆是在睡梦中完成的。此外，睡眠和做梦还同注意力的集中与保持以及思维与想象的效果都有联系。你听说过吗，人们解决复杂乃至创造性的问题，睡眠和做梦都曾显示出功绩。据文献记载，有许多科学技术上的重大发明与发现，就是在睡梦中得到启示，或者干脆就是在睡梦中解决的。

做到合理用脑的第二件事情就是要保证充分的睡眠。有人说过："睡眠是人生筵席上最好的一道佳肴"，足见睡眠对人是何等的重要。如果经常熬夜就会造成脑机能紊乱，以后会发展成失眠、多梦，睡眠质量差，第二天起来就会无精打采。因为脑细胞都处于疲劳状态，怎么可能很好地工作呢？这样接受信息困难，建立条件反射也很困难，因此就不可能有良好的记忆。

　　许多学生在复习时，由于觉得时间相当宝贵，因此睡觉都不敢多睡，怕浪费时间。由于睡眠不足，大脑昏昏沉沉，因而睡眼惺忪地去阅读、去记忆，其效果则非常差。举个例子，如果不熬夜记下了5件事情，然后去睡觉，睡眠中可能忘记了1件，到第二天早晨却还记得4件；而如整夜熬着去记下10件事情，但因为没有睡觉而忘了8件事情，结果只剩下2件事还记得，这自然是得不偿失。

　　睡眠不好，脑子就昏昏沉沉，学习效率肯定也差。一般说来，儿童每天应有十小时左右的睡眠，成人每天应有八小时左右的睡眠。我们不提倡"废寝忘食"、经常"开夜车"的学习方式，长此下去，必然破坏大脑兴奋与抑制的平衡，导致神经衰弱，大大降低学习效果。

　　因此，每一个人都应当保证适当的睡眠时间。至于每夜睡多少为适当，不同的人之间是有较大差异的。一个重要的因素是年龄。一般而言，小学生每夜应睡9小时左右，中学生每夜应保证睡8小时左右。此外，同年龄的人之间也有个体差异，有的中小学生每夜睡6—7小时便足够，有的则需睡9—10小时，方能保证白天有充沛的精力进行学习。这种个体差异在初生婴儿身上便已表现出来，说明遗传因素在起着重要作用。

　　美国心理学家金肯斯与达登堡实验发现：记忆事物后立即睡觉的两个小时内，所记忆的事物会逐渐被遗忘，可是，两个小时之后，便不会继续遗忘。如果记忆事物后一直不睡，则所记忆的事物将会不断遗忘，即使过了8个小时，遗忘的速度仍会继续进行。

　　考试前的紧张不安是每个人都曾有过的经验，如果紧张地情绪足以妨碍睡眠，你就可以对自己说："睡眠能帮助记忆，睡一觉后成绩会比别人更好。"以类似的话来暗示自己，将会使自己安心入睡。

当遇到得尽快把某些东西记住的紧急情况时，就会忽然涌出无数精力，一口气就记下了大量的东西，但是效果往往并不理想，这是因为，连续记忆类似的内容过久，会使记忆力锐降。

不明白这个道理的人都会焦急地想："为什么会记不住呢?"殊不知这种焦急的心理会使记忆的效率更降低。法国的记忆研究家佛哥特曾请一位有名的记忆术专家研究记忆量和记忆时间彼此间的关系，结果发现：如果记忆量增至原来的 2 倍，则记忆所需的时间是原来的 4 倍；如果记忆量增至原来的 3 倍，时间就要增至原来的 9 倍。换句话说，就是记忆的时间和记忆的量成平方比关系。

当然，这些专家们或许有其独特的计算法，不可以这个实验论断一切，但一般说来，如果记忆量增至原来的 2—3 倍时，所耗费的时间至少增至原来的 4—5 倍。

睡眠专家认为，想保持头脑清醒、心情愉快、思想敏锐、精力充沛，至少得把 1/3 的人生花在睡眠上，最重要的是要避免失眠。

许多人都知道，睡眠有助于恢复体力和脑力，最近这阵子，分别有两份医学报告分别显示，睡眠有舒缓压力、增强记忆力的功效。减压与发挥记忆力以色列研究人员发表的报告就显示，睡眠是舒缓压力的好方法。

这项研究是以 36 名 22—36 岁的学生为调查对象，并让这些学生在压力高峰期下接受评估，他们按压力处理法分成两组，结果发现，倾向忧虑者会减少睡眠时间，相反的，那些懂得疏导情绪者，睡眠不但没有减少，反而增加了。

研究人员说，有时睡眠可以帮助舒缓激动神经紧张，使人暂时远离压力。哈佛医学院去年年底也有报告指出，要加强记忆力，必须要有足够的睡眠。这项研究有24名人士作为研究对象，研究人员要他们在1/16秒内确认电脑上闪动的3条斜纹，结果有半数的人当晚呼呼大睡，其余的则保持清醒，直到第二及第三晚才可入睡。

4天后测试这24名人士的记忆力，结果发现，第一晚入睡者，辨认图案的正确度比不睡者强。研究结果显示，饱睡一顿，记忆力才能充分发挥。专家认为，睡眠对于我们白天的表现有很大的作用，睡眠不足会引起一些后遗症，如白天嗜睡、情绪不稳定、忧郁、压力、焦虑、失去应变能力、免疫力降低、记忆力减退、失去逻辑思考力、理解能力降低、工作效率下降等。

值得注意的是，由于生活规律的改变，目前有不少人严重睡眠不足，或是患有失眠症。鉴别失眠的严重程度美国睡眠障碍协会认为，睡眠有量化标准，可鉴别失眠的严重程度。

各种失眠表现的量化标准如下：

①入睡困难：是指从上床到入睡时间不能超过30分钟。

②睡眠不充实：意指觉醒的次数过量或时间过长，如整晚觉醒时间每次超过5分钟，同时觉醒次数有两次以上；或是整晚的觉醒时间总共超过40分钟。

③浅度睡眠：熟睡或深睡期降低，相反的，入睡期与浅睡期增加，这也显示睡眠量不够。

④睡眠时数不够：睡眠时数少于6.5小时。

睡眠专家认为，设若上床30分钟还无法入睡，或是半夜里忽然醒过来，不妨干脆下床，走出卧室，或在黑暗中坐一会儿，或是读点轻松的书，听点轻快的音乐，甚或做点简单的家务，以便松懈神经，那么，再次上床时也许就较易入睡。

要确立自己的睡眠量表可依照下列步骤：

先选适合自己的上床时间，除了要容易入睡外，也必须距离起床时间至少 8 小时、在接下来的一个星期内，在同样时间上床，并每天记录起床状况，由于过去上床时间较晚，习惯睡得较短，在开始的前几天，你也许会醒得较早，但往后，醒来的时间就会渐渐延后。

专家认为，永远不必担心自己睡得太多，而且，遇有空当，可尽量利用机会，多闭双眼养好精神。

2. 强健的体魄是增进记忆之本

记忆是大脑的功能，是大脑进行神经活动的结果。如果一大脑不健康，这个记忆装置就不可能很好地完成记忆任务。另外，大脑又是人体的组成部分之一。所以，一个人要想有好的记忆力，首先必须保证有一个健康的体魄。

记忆同时又是人的心理活动，即精神活动。古罗马时代就有这样的谚语："健康的精神寓于健全的体魄"。看来，人类早就有这方面的体验。关于这个问题要从大脑的健康和全身的健康两方面来看待。

大脑和全身是统一的机体，大脑靠全身各器官系统的协同工作才能保证正常的生理机能。大脑所需要的氧气和养料要靠呼吸、循环、消化系统等等来供给大脑生理活动产生的废气废物也要靠呼吸、循环、消化和泌尿系统等来排除。如果身体其他部位患病，不言而喻，也要影响大脑的功能。

比如：由呼吸系统疾病引起的肺性脑病；由肝功能衰竭引起的

肝性脑病；由肾功能衰竭引起的肾性脑病等。在早期就会降低记忆力，严重时还会谵妄、昏迷，最后导致死亡。即使是伤风感冒之类的小毛病，同样也会引起头晕脑胀，而降低记忆力。

退一步说，全身疾病还没有严重到直接影响记忆力的程度，但体质虚弱也足以使人容易产生疲劳。生理疲劳表现出感觉迟钝，肌肉痉挛，腰背酸病，动作失调等，使人在记忆时心有余而力不足，即所谓"是不能也，非不为也"的现象。心理疲劳表现出倦怠忧虑、焦燥不安，因而注意涣散，思维迟缓，反应减慢等。使人在记忆时力有余而心不足，即所谓"是不为也，非不能也"。生理疲劳和心理疲劳常常是

相互影响，相互促进的，两者的作用相加，对记忆的促退作用就更加严重了。所以，虽然提倡意志坚强，但也不能不讲科学去死记硬背，不能效仿古人去"头悬梁、锥刺股"，而要劳逸结合，防止生理和心理疲劳，以期达到最好的记忆效果。

不让大脑过度疲劳是合理用脑的宗旨。记忆是一项艰苦的生理和心理活动，需要大量的能量。长时间的记忆活动，必然要消耗大量的氧气和养料，这时大脑就会产生疲劳，脑细胞的功能减弱，影响记忆能力。

所以，为了提高记忆力，必须注意合理用脑来保护大脑。要做到劳逸结合，使脑细胞经常处于良好的功能状态，随时准备接受和储存信息。

（1）保持正常生活规律

要做到合理用脑，首先就要保持正常的生活规律。人和其他生物一样，体内存在着生物钟。这是在漫长的人类进化过程中逐渐形

成的。它不以人们的意志为转移，存在于人们的生活中。

比如人们一到黑夜就困倦思睡，如果不让睡觉或睡不着觉就头痛、头晕、烦燥不安，呕吐，时间长了还会精神失常。值过夜班的人都有这种体会，常常到后半夜就会发生心慌气短、腹胀肠鸣、头脑发懵等现象。这说明生物钟在起作用了。

所以应该养成规律的生活习惯。制定一个和生物钟吻合的作息时间表，使之适合人固有的睡眠节律。这样，久而久之，只要一上床很快就会入睡，一天亮就会自然觉醒，以充沛的精力投入新的记忆活动中去。

建立有规律的生活制度有助于形成"动力定型"。所谓"动力定型"前面已经谈到过，就是大脑皮层中形成的各种条件反射固定下来，如前所述，幼年曾经学过游泳，并且游得很好的人，虽然以后多年不游，一旦跳入水中，用不着竭力回忆游泳的要领，头、手臂、腿脚便会自动协调地活动起来，熟练地游下去。这就是有关游泳的一些条件反射已牢固地在大脑忘层中形成"动力定型"的结果。

有规律的生活，有助于"动力定型"的形成和巩固，可以使记忆等活动更加容易和省力。

（2）脑体劳动交替进行

各种脑力活动要交叉进行，脑力劳动和体力劳动（包括体育锻炼）也要交叉进行。

从事体力劳动时间久了，身体就会感到疲乏无力，需要休息。从事脑力劳动时间久了，脑细胞也会疲劳，同样也需要休息。如果脑子经过长时间的劳动而得不到休息，神经系统长时间处于紧张状态，就会使脑子过度疲劳，造成大脑记忆功能的减退，破坏大脑皮层兴奋和抑制的平衡。

注意大脑活动的劳逸结合。即不应使大脑过于疲劳；进行适当并且多种方式的休息，如做操、散步、聊天、背诗、猜谜语及其他娱乐，或者看书和写字以及听广播、看电视交错进行；学习和家务劳动交错进行，伏案工作和工间操交错进行……则有助于提高神经细胞的活动机能；而适当的脑力与体力活动的交替，也有助于神经机能的恢复。

这样会使脑内生化成分发生改变，脑功能失调，头疼、头晕眼花，前记后忘，甚至导致神经衰弱，失眠等病症，自然会影响学习的效果。实验证明，大脑进行紧张智力活动的持续时间，一般说来，中小学生不应超过 0.5－1 小时，成人不应超过 1－1.5 小时，如果需要长时间地连续学习或工作，应有休息间隙。

因此，我们在自学有意记忆过程中，要懂得科学用脑，讲求实效，避免长时间连续地进行紧张的智力活动。注意劳逸结合，脑力活动与体力活动交替进行，对记忆有积极的作用，它可以保证脑细胞新陈代谢的正常进行，使脑功能活动迅速得到恢复。我们要养成良好的生活习惯，严格地执行作息制度，按时起床，按时睡眠，每天要有一定的体育活动时间，从事各种锻炼。

体育活动可以促进脑的发育，提高脑机能的灵活性，使脑得到很好的休息。切忌一天到晚伏案读书。"头悬梁，锥刺股。"精神可嘉，方法实蠢，因为这种做法违反大脑活动的规律，不可能收到良好的效果。有的青年同志，不懂得劳逸结合的辩证关系，总觉得休息和锻炼耽误了学习时间，不愿意休息和锻炼。殊不知休息和锻炼虽然占去了一点时间，却换来了清晰的头脑，充沛的精力和高度的学习效率，这同"磨刀不误砍柴工"是一个道理。

即使在识记时，也要把内容差别较大的材料交插安排，以便司不同职能的大脑各部分得以交替休息，避免大脑疲劳降低工作效率。

周恩来生前工作十分繁忙，每天最多只能睡四五小时觉。为了保证身体健康更好地工作，他非常重视积极的休息。

在紧张的脑力劳动之后阅读文艺作品、背诵外语单词、散步、做体操等等。

（3）慢跑能增强有意记忆

土耳其《自由日报》引述美国一项医学研究报告指出，经常慢跑或勤于走路的 60 岁以上老人，由于在行走中吸收更多的氧气，比仅做肌肉训练的人，拥有更佳的记忆力与思考力。

辩学家们发现，参加慢跑十周以上的人。记忆的数字大大高出不跑步的人。这可能是经常慢跑增加了户外活动的时间，并且锻炼了心肺功能，使脑组织能够得到更充足的血液供应。较多的血液给脑带来了较多的粮食——氧气和葡萄糖。

据报道，美国伊利州立大学高级科技研究院最近完成一项实验研究，将 124 名年龄在 60—75 岁的老人分成两组，一组每天进行走路或慢跑训练，另一组则是进行静态的肌肉体育训练，结果发现两组老人的记忆力与思考力都有增强现象，但走路慢跑的一组表现得更为明显。

报道引述伊利诺伊州立大学研究小组成员卡拉迈尔博士的话说，随着年龄的增长，人体器官细胞开始衰退，血液循环开始减缓，但经常慢跑及走路，在行走中能够吸取更多的氧气，充实脑部细胞需求，增强细胞新陈代谢功能，进而增强思考力、分辨力以及记忆力，其效果绝非任何医药所能取代。

另外，跑步时使大脑皮层有关记忆的部分得以休息，使之恢复疲劳，机能增强，从而有利于记忆。

不过，报道也引述卡拉迈尔博士的话说，上年纪的老人毕竟体力有限，慢跑或走路时必须顾及自己的能耐，避免过度才是。

3. 不能忽视血糖供给

你知道吗？脑子还需要吃"糖"呢！众所周知，供采暖用的锅炉需要燃料。煤等燃料燃烧时放出二氧化碳气体和水，同时释放能量。人的大脑也是这样。它所需要的直接"燃料"是葡萄糖。

脑组织对葡萄糖的需求量在全身各脏器和组织中占第一位。但是大脑只能合成自己所需糖元量的1%，它主要依靠血液来摄取葡萄糖，以维持其正常生理功能。临床观察证明，脑对血糖浓度的变化最为敏感，正常人体血糖的浓度是每100毫升血液80~120毫克（吴氏法）。血糖降低至每100毫升血液70毫克以下就会发生低血糖反应，如饥饿感，虚弱感，四肢无力，颤抖、心慌、气短、面色苍白、冷汗淋漓、谵妄等，严重时还可以导致低血糖昏迷和休克，甚至死亡。

科研单位曾对青少年学生进行调查研究，青少年学生在持续紧张用脑120分钟后，大脑反应迟钝，思维记忆能力降低。血糖降至每100毫升血液60毫克时如果持续至血压降低。

血糖降至每100毫升血液60毫克时如果持续至240分钟，大脑功能开始紊乱，谵妄或者昏迷。血糖降至每100毫升血液45毫克，有可能危及生命。

医学临床上也发现，低血糖时脑电图检查会发现有弥漫性的大慢波（病理性的）出现。所以用脑记忆，不能过于长久，要有间隔，要注意补充营养——葡萄糖。

4. 切勿小看维生素

上面谈到，葡萄糖是脑细胞的粮食。那么是不是天天只吃甜食、喝葡萄糖水就可以满足脑子的需要，提高记忆力了呢？事情并没有那么简单。美国的科学家们发现，吃甜食过多的人不仅记忆力不好，而且脾气暴躁。这是因为甜食都是多糖类食物，它们被吃进人体之后最终都要转变成单糖——葡萄糖，然后再由葡萄糖分解为二氧化碳和水，同时释放出能量供人体所需。

在这一系列生物化学过程中都需要有酶的参与。酶就是生物催化剂。在糖类代谢中，以维生素 B 族为主的各种维生素都是重要的辅酶。大量的甜食，诸如蜜饯、果脯、糖馅饼、甜饼干、点心，果酱、冰激凌、高糖桔汁之类，含糖多，含维生素极少。它们虽然能供给人以能量，但却消耗了大量维生素。

据研究，进过多甜食的人，他们血液中维生素 B 族的含量比一般人明显减少。维生素 B 族等是神经细胞维持正常生理活动必不可少的物质。所以，这些人记忆力较差，性格也急躁。

所以，为了维持和增进脑细胞的活动能力，加强记忆，减轻疲劳，一定要少吃上述甜食和含维生素很少的精米、富强粉，多吃糙米，杂粮。没有什么重病并能够自己进食的人，常服葡萄糖粉，饮葡萄糖水更是大可不必。另外要多吃富含维生素的新鲜蔬菜、水果、坚果、豆类等。必要时还可口服一些维生素类药物。

当然，维生素类也不是吃得越多越好，物极必反。俄国的北极熊探险家们曾经大量进食北极熊肝，以为营养丰富，可是最后，导致许多探险家病倒，甚至毙命。

经研究方知熊肝中含有大量维生素 B_1，他们患病死亡的原因竟然是维生素 B_1 中毒！

这血的教训。我们每个人都应该记取。凡事都要适可而止。

5. 增强有意记忆的"灵丹妙药"

有意记忆对人类的重要性是不言而喻的。为此古往今来的科学家们一直在努力寻找能够增强有意记忆的"灵丹妙药"，但是很长时间都没有找到。

可喜的是，近几年来，研究者们惊人地发现了一种能够增进记忆的药物，这就是脑垂体后叶加压素，也称为"抗利尿素"。1968年首次人工合成此药，它是一种多肽类物质。脑垂体是存在于人脑底部的一个像樱桃似的腺体，是人类身体各种内分泌腺体的总指挥。脑垂体分前叶、后叶两大部分，各自分泌多种激素。通过这些激素来控制其他内分泌腺体（也称靶腺）的分泌。

加压素是脑垂体后叶分泌的一种激素。由于它有抗利尿的作用，所以又称做抗利尿激素，过去主要用来治疗尿崩症。又因为它有强大的收缩血管作用，所以也用来治疗各种肺和支气管病变造成的大咯血以及各种原因造成的食道——胃底静脉曲张、破裂造成的大呕血。

科学家们新近发现加压素还具有良好的增进记忆的作用。人们曾经对此做过动物实验。

把一些实验用小白鼠的垂体切除，它便不能从原已十分熟悉的迷宫中走出来，说明切除垂体使它们的记忆力受到了损害。然后再由鼻腔给它喷射脑垂体后叶素，小白鼠们重新又能走出迷宫了，这说明脑垂体后叶素又使小白鼠的记忆得到了恢复。

美国的科学家们还做了加压素能增进正常人记忆力的试验。他们征集了十二名青年自愿受试者并将他们分为两组，每组各六名。

一组做为实验组，另一组做为对照组。采用单盲法进行实验。也就是说给实验组用真正的药物——加压素，而给对照组使用安慰剂（实际上不含药物）。

这只有工作人员知道，受试者并不知道，所以叫单盲。他们给实验组的青年用导管经鼻腔喷雾 1 – 脱氨 – 8 – D – 精氨酸加压素 30 ~60 微克，每日三次，二至三周为一疗程。

另一组喷雾安慰剂。实验结果表明，对照组在学习能力、理解能力、记忆能力方面没有改变，而实验组则明显提高，尤其是立即应答能力提高得更为明显。经实验证明加压素不仅对提高正常人的记忆力有效，而且对病理性的遗忘也有治疗作用。

人们知道，脑震荡等脑外伤，常常造成脑功能损害，遗忘便是其中表现之一。

脑震荡不仅使人遗忘事故发生前的事情（即逆行性遗忘），而且还会将一切往事遗忘（即顺行性遗忘）。西班牙学者曾用加压素做实验，治疗脑震荡引起的遗忘症。

有一位患者，六年前不幸遭车祸，曾昏迷了十五天。经抢救虽然大难不死，但却失去了记忆。远近记忆均消失。他记不起自己的职业、工作单位、结婚日期、妻子和女儿的年龄等等。经过五天的加压素治疗之后，他的全部记忆竟奇迹般地恢复了，甚至能详尽叙述车祸的始末。医生们还给其他患者施以加压素治疗，他们经过 5 ~9 天的治疗后，记忆功能也迅速地、神奇地恢复了。

据研究结果，发现加压素对抑郁性精神病的记忆力减退，治疗后的退行性健忘和慢性酒精中毒者的记忆障碍等也有很好的治疗效果。

那么，加压素对由于年龄增长引起的记忆力减退有无作用呢？

比利时列日大学的医学家们发现年过五十岁的人，脑垂体分泌加压素的量减少。因此他们就做实验进行观察。他们选择五十至六十五岁的男性老年人做对象。

给实验组老人经鼻腔喷注加压素，而给对照组喷注安慰剂。其结果表明，实验组的老人几乎每个人的记忆力、识别力、注意力等都有明显的增进。

加压素能促进记忆力的增强，这真是人类一大福音。它不仅能够治疗病理性的健忘，还可以防止或延缓老年性健忘，也可以用于青少年，以改善记忆力，提高整个学习能力。但是垂体后叶加压素有使人心动过速而致心悸的缺点，还有待科学家做进一步的研究和改进。

第三讲　张弛有度地训练有意记忆

要想提高记忆效果，除应运用科学的记忆方法外，还必须恰当地掌握每次识记的量。在记忆的操作中，有时方法是对的，但因识记过量，会导致一切努力劳而无功。实践证明，只有循序渐进才是正确的操作规则。

一、急于求成是一种通病

在学习记忆中，人人都想用较短的时间记住较多的材料，急于求成是一种通病，但这种愿望往往是欲速而不达的。譬如，你用五分钟记住了七个英语单词，就认为如连续学习一小时，能记住八十四个，那就错了。

心理学家作过这样的实验：选择若干被试者，让他们一次学习一百个字的材料达到背诵，需九分钟；让他们一次学习二百字的材料达到背诵，平均每百字需十二分钟；让他们一次学习一千字的材料达到背诵，平均每百字则需十六分钟。这个实验说明，材料越长，识记所用的平均时间越多。

为了说明问题，我们自己也可做一个实验：假如让你在三秒钟内记住五个数字 1、4、6、7、9，恐怕谁也不会感到困难。然后，让你在二十秒钟内记住 7、4、3、8、2、6、3、8、8、6、21、5、4、14、2 这十五个数字就难以实现了。这就说明第二组数字的三倍，即使把识记时间增加六倍也无济于事。

有些同学在有意记忆的时候犯急性病，想要把许多知识一下子全部装入脑海，他们一下子看许多书，记许多大大超出自己现有知识水平的内容。可是这样做的同学最后总是发现不能如愿以偿。原因之一就在于忽视了记忆的阶梯，没有循序渐进，一昧贪多求快，结果反而是欲速不达。这就像盖房子只要第三层，不要一层二层一样，成了空中楼阁。

为什么操之过急的识记事倍功半呢？这是因为，要在一个短时间内识记大量的材料，必然要提高对大脑刺激的强度，而我们或是因为根本就达不到这种强度，或是因为脑神经细胞消耗力加快，在疲劳的作用下产生抑制，都会使记忆的效率降低。由此看来，要想在一个短时间里连续记住很多材料，是违背记忆规律的，那种不知进退勉为其难的方法，在时间上并不经济，绝对是得不偿失。

从记忆规律上看，只有理解了的内容才容易记忆，在能够避免机械记忆的时候就应当尽量避免机械记忆，这样才是在记忆上走捷径。如果在积累知识的过程中犯急性病，基本的东西还没有学好，就去啃比较高深的大厚本子，这样只能生搬硬套地背一些自己还不大理解的条条或词句，把本来可以通过理解消化之后再记忆的内容，变成了只能靠机械记忆来强记的东西，当然记忆效果就差了。

有一位小学三年级的学生，数学学得比较好。平常，在听本年级数学课的时候，觉得很好理解，当堂就能消化记忆，记忆效率比一般同学要高。后来他参加了数学小组，学的内容深了一步，要想记住，就不那么轻松了，要花些力气才能弄懂记住。有一天，老师给他一张票让他去参加少年宫的数学讲座。

到了那儿才知道，这个数学讲座是针对高年级数学小组安排的。结果他发现：他平时很喜欢、很感兴趣的数学，一下子变得枯燥难懂了，满黑板的数字和推导使他眼花缭乱、难于接受和吸收，他只能勉强记住只言片语和零七八碎的个别结论，印象也很肤浅。

由此可见，学习内容过深，新知识的跳跃度太大，会使得本来在正常进度下可以很容易吸收和记忆的知识变得像"天书"一样难于记忆。如果不按阶梯走上去，那就会头昏、心跳，难于达到智力的高峰。心理学家认为，原来已经吸收和记忆的内容，在大脑中形成了相应的知识结构。

如果新学的内容超出原有的知识不太多，适合于原有的知识结构，那么新学的东西就会迅速而有条理地被安排在已有的知识结构里，这就好像是在已修好的一层楼上牢固地修建第二层楼。这时存入记忆仓库的知识是活知识，记忆牢固，取用也方便。

如果新学的内容超出原有知识水平太多，和原有的知识结构毫无联系，那么新学的东西就无法融人到原有的知识结构里去，只有凭空重建新的知识结构，就像凭空建立第三层楼一样，结果只能靠单调重复、死记硬背来存人一些僵死的知识，这些知识就是零散的、不巩固的。

凡是容易与已知的知识建立起联系的内容，都比较容易记忆。因此知识面越广，基础知识掌握得越牢，建立这种联系的可能性就越多，记忆起来也就越快。这跟金字塔一样，基础越宽、越深，顶部就可以建得越高。

总而言之，循序渐进是记忆和积累知识的一个重要方法，表面看起来好像慢一些，但实际上是多，是快，是好，是省。这恰是最科学的记忆方法。

二、合理分配时间，以达到记忆的最佳效果

有些学生被考试逼得走投无路的时候，总想利用开夜车来一鼓作气记下大量的东西，遗憾的是这样做却往往收不到预期的效果，因为学习同一内容的时间过长会使学习效率大大降低。不了解这一点，总是埋怨自己"为什么老记不住"是不现实的。

方法不当，结果会适得其反。法国著名的记忆研究家爱富克斯专门请了一位有声望的记忆专家，对他进行了有关记忆量和记忆时间的关系的调查。结果证明记忆量增加 2 倍时，所需要的时间就要增加 4 倍；若记忆量增至 3 倍，时间就要高达 8 倍。

一句话，学习时间同记忆量的关系成正比例。当然，记忆专家有他的特殊记忆方法，所以这种结果不能说明一般人的水平。

不过，对一般人来说，当记忆的材料增加了 2 倍时，要花的时间可能会增至 4 到 5 倍。如果把这个原理应用到学习上，假如 30 分钟能记 50 个英语单词，可能就会使人产生一种轻率的想法："照此进度学下去，再背 200 至 300 个单词也不成问题。"结果是，再背 50 个单词竟花了 1 个多小时间，如果不抓紧时间，费时还会更多。当我们明白了"早知道如此……"时，已经后悔莫及了。

开一晚上的夜车也只有几个钟头的有限时间，所以时间分配的错误，将导致我们付出的努力付之东流。在这种场合，如果明白了

"需要的时间等于内容量的几倍"这个原理，我们就不会继续走死胡同了。学习疲倦时，可以换换气氛，改变一下记忆的内容，由记英语单词改记数学公式，以利于记忆的继续进行。从某种意义上说，这也不失为一种记忆的好方法。怎样合理安排时间？上学前的清晨与放学后的晚上，是大可利用的富裕时间。

清晨，头脑清醒，往往是识记的最佳时间。这已为实验所证明，也为大多数学生所首肯。"一日之计在于晨"，要抓住这个有利时机识记新的内容。识记是记忆的基础。要想成功地提高记忆能力，首先必须从识记入手。所谓"记忆"，包括"记"与"忆"两大组成部分。记是"忆"的前提，没有"识记"，不可能有"回忆"。

所以，识记，是成功记忆的最重要一环。把它放在清晨，再适当不过了。当然，这里也可能存在着细微的差异。有的人，在刚刚醒来时识记效果最好；有的人，则在醒后过一段时间，识记功能才会逐渐达到巅峰状态。

但总的说来，清晨识记东西特别快，却是一个基本事实。晚间，思维活跃，往往是理解的最佳时间。心理学研究表明，晚上八点到十点，人们的大脑皮层处于最兴奋状态，记忆系统最为活跃，对信息的回收能力也最强。借此良机，最好去重温早上识记的内容，这样，就能记得更牢。

三、交替记忆消除记忆疲劳

有许多青少年刚复习不到半小时，就打呵欠，眼皮沉重，接着放下书本，随手拿起一本杂志，兴致勃勃地阅读一个多钟头，毫无半点倦意。显然，这不是真正的疲倦，而是"枯燥"所引起的大脑皮层的抑制。

解决方法有以下几点：

（一）充足的睡眠

保证孩子足够的睡眠、营养和运动，保持良好的生理状态。

（二）注意椅子和书桌的比例

椅子太高或过低都会产生疲劳，影响复习效果。

（三）交替复习

安排不同学科交替复习，以免长时间复习一门功课，而感到厌倦，产生疲劳。

（四）学会苦中找乐

对一些枯燥乏味的学科，可采取家长与孩子讨论的复习方法。由于家长与孩子间的相互影响，会使枯燥无味的科目变得有趣味。

（五）注意室内采光

书桌最好朝阳，这样不仅光线充足，而且冬暖夏凉。学习时要注意避开强光，因为强光会刺激孩子的视觉神经，产生疲劳；但如果室内照明不足，也容易使人疲劳。

（六）要注意室内通风

因为二氧化碳和一氧化碳过多，会降低学习效率。

室内的最佳湿度是 18－20℃，这是孩子的快感温度。夏天应设法保持在 30℃ 以下，否则就容易产生厌倦。湿度应保持在 30%—80% 之间，过分干燥和潮湿都会影响学习。

（七）看些不同的参考书

不同的参考书，作者不同，其表达技巧、语言风格也不同。孩子可能会找到适合自己口味的参考书，这样能大大提高他的复习兴趣。

四、将最重要的内容放在最初或最后记忆

研究表明，上课或讲演时，将最重要的内容置于最初及最末十分钟来讲，效果最好。因为开始时，听众都会对上课、讲演内容到底是什么产生好奇心；最后的十分钟，又会产生整理全体的心理，故对内容特别留心，记忆最为深刻。

我们每个人的精神，不可能时时刻刻都保持在紧张状态，最多经过数分钟后，便需要略为松懈，稍做休息，故对于上课、讲演的注意力，顶多只能持续十分钟，头脑便自动放松了。经过了一段时间的调适，剩下最后十分钟，听者因希望利用这最后十分钟，再重做一番简要的整理、温习，故注意力又拉回到全神贯注的状态。

自己一个人做功课时情形也一样，故最好也像上课、演讲一样，利用最初、最末的十分钟来做最重要的功课。这个方法不一定光指时间上的始、末。将自己要记忆的事物，简短地列在一张纸上。最初的第一行和倒数的最后一行，必然记得最清楚。至于中间的部分，

由于易受两旁其余事项的影响，互相混淆而模糊。故在这种情况下，我们也可将重要事项编排于两端，便于加深对重要事项的印象。

准备升学考试时背英语单词，往往是 ABC 记得特别清楚，再往下就越来越模糊，但最后 XYZ 部分又有鲜明的记忆。为能记忆全体，有时可以将记忆的顺序不断改变，从尾到头，从中间往前，从中间往后等各种顺序都可以，不一定非要从头到尾不可，如此才能轮流将各项置于最前、中间及最后，加深各项的记忆。

突然被人问到："两个星期前的星期三下午四点左右，你正在做什么？"除非那天有特别的事情发生，或许那天是具有特别意义的日子，否则，要想起还真不容易。但如果问的是星期一，或星期六，那就比较容易回答了。为什么呢？

因为星期一是假期后的第一天，从假期所做的事联想到星期一做什么，比较有印象。而星期六是周末，心情特别轻松愉悦，想到第二天是假日，就能联想出所做的事。诸如此类，也证明最初、最后的记忆容易在脑海中存留，月初、月底亦是如此。谈到最初及最后，还有许许多多的事物，如综艺节目开始及结束时唱歌的歌手，必然是较受欢迎、较有名的歌手。选举时的海报及演讲顺序，姑且不论好坏，最初和最后者必然较为显眼。

当然，记忆的第一步，是意图记忆某项事物。但也有无意图记忆却不自觉记住的情形。而将来在极需要引出记忆时，最先被吸引的，仍为最初与最末的记忆。当你要求你的孩子记忆时，最好也能充分考虑这一点。

五、像切蛋糕一样将内容加以分割，然后慢慢记忆

我们实际记忆事物时，首先要详细观察这件事物，如果记忆的对象较浅显，量也不多，此时采用分割法记忆起来较为方便，也用不着特别考虑或赋予什么意义，否则容易招致混乱。据观察，全习法较适合年轻人，或记忆力特佳无论什么事都能记忆者及有自信的人。

一时想记忆许多事物，不太顺利或不易记忆是理所当然的。因为，忽略了必要的条件，而勉强以填鸭式的方法来记忆，是会引起消化不良的。结果到头来，半途放弃，一定不可能成功。我们为记忆众多事物时，有适当的秘诀，而不是仅以死记的方式来记忆。尤其是历史或政治学，必须首先了解该学科的基本知识，否则，死背硬背全无好处。

工作场所的工作，各式各样的嗜好，各种艺术等，不论哪一项，内容均十分丰富，故一朝一夕不可能了解全部内容。像学校的课程，必须将内容予以分割，花费好几年的时间来学习，工作场合的工作，也是慢慢的在日积月累中学习的。各种嗜好、艺术也是一样。这类拥有许多内容的事物，都须加以分割，花时间记忆，而渐渐地储蓄起来，俗语有云："积沙成塔"，点点滴滴累积起来，方能掌握全体。

瑞士人所以能自由自在地使用好几种语言，那是从婴儿时期开始，每天一点点积累的成果。婴儿时期能做到的事，现在当然也能做到。就让我们从现在开始，有计划、有方向地提高效能，来学习各种学问、嗜好及艺术。

如学习历史之前，首先，先记忆较大的历史潮流或大纲。从历史中，选择有代表性的大事，记忆它是在何时、何地、发生了什么。从此处构成整个历史的框架，其余再分割时代，在框架中添上枝叶即可。由于框架清晰，基础稳固，然后才能登堂入室，踏入知识的大门，也才能正确配置，年代关系也更清楚。

英语及数学等学科由基本的部分所累积的内容中，该如何记忆比较重要的部分，现在向各位介绍有效的方法：首先把内容分为ABCDE等部分，一开始先学 A，记好以后，再一起学 AB，记好以后，再一起学 ABC，……这个方法，叫做"累进记忆法"。这个方法在内容不多时非常有效，因为此法能弥补分析法的缺点。

小学时，老师教学生记忆歌词或很长的英语文章时，也都是运用这个方法。舞台上的演员记台词也离不开记忆力，也是使用"累进记忆法"，他们一拿到剧本，首先先通读整本剧本，然后捡出剧中属于自己角色的部分，才去记忆台词，这是由全体到部分，做累进式地逐渐增加记忆量。

六、三秒钟反复记忆

在背诵英语单词、会话、数理公式等专有名词时，我们有个非常好的方法，那就是利用你手边的录音机，把要记忆的内容录制成长度在三秒钟的反复录音带，并不断地听。我们深深认为这种三秒钟反复录音带法，是更有效率运用宝贵的一分一秒的有效方法。

在利用有限的时间，来尽可能大量记忆的时候，如果不把要记忆的事项整理成一套一套的单位，再一个个记忆起来的话，是没有办法达到目的的。因此，对于较长串的记忆内容，我们就必须把它细分成适当的单位。这个单位的长度是三秒钟，这是最适合人类记忆的单位。把要记忆的事项整理成三秒钟左右的长度，自己用录音带录下来，这就是三秒钟反复录音带。这虽然是很简单的方法，但是在实行上有几个必须注意的重点。首先是在录音时，每个句子要反复三次。

为什么是三次呢？

因为同样的句子重复太多次的话，大脑会产生其他的杂念；只出现一次的话，就无助于记忆。同样的句子重复三次，是有关专家在自行制作三秒钟反复录音带时，不断尝试错误，试着找出最适合记忆的反复次数时所得出的结论。由于反复了三次之后，录音带的内容就改变了。因此可以产生不可思议的集中力，并进而促使大脑顺利记忆。

在录音时要注意的事项，还包括了要留意句子的节奏感及注入感情。尤其是带头的字眼，为了加强记忆，最好能重复两次。我们想大家都曾经有过这样的经验：明明知道的事情，偏偏到了嘴边，却怎样也讲不出来；这时候很气愤自己，只要能想出一个开端就能顺利地讲。在这种场合之下，能不能继续讲下去的关键就在于带头的字眼，只要带头的字眼想起来的话，下面的事情就能跟着源源不断地记起来，因此，把带头的字眼重复两次就是为了应对这种情况。

例如：在记忆"1492 年，哥伦布发现美洲大陆"时，就可以把它录成"1492 年、1492 年哥伦布发现美洲大陆"，如此一来记忆时就效果倍增。

以上解说，相信各位读者都能掌握到制作三秒钟反复录音的要领。运用这种学习记忆法的效果之卓越，会让自己大吃一惊，因为这种学习记忆法具有印象反复的效果。

如果能注意录音时音调的抑扬顿挫和节奏的话，效果会更好。如此运用录音带反复自行记忆的话，会在大脑中形成类似条件反射的状态，把所记忆的东西自然地说出来。

此外，在使用录音带时，会使自己产生自信，认为自己从前老是记不起来的长篇大论，现在能轻松加以记忆；而这种自信也能以良性循环的作用，使自己更乐于使用这种学习记忆方法。

七、短材料可一气呵成

在学习记忆中，若识记的材料篇幅较短，如背记一首短诗、一段名言或是一个几百字的材料，用一气呵成的集中识记的方法，效果肯定要好。

不过，在集中识记中，尽管材料的文字不多，也应特别注意掌握它的内在联系，因为材料不论长短，都有一个理解的过程，只有懂得才能记牢。

举例来说，要背记"清明时节雨纷纷，路上行人欲断魂。借问酒家何处有，牧童遥指杏花村。"这首古诗，第一步是想象诗的意境：清明时节下着连绵细雨，一个独自行路的人心神不定。忽然一阵笛声穿透雨幕传来，原来是在不远的山坡上有个骑牛的牧童，那个正想借酒浇愁的行人急忙前去，问童子哪里能买到酒？小童抿着嘴不说话，只是用手指向那个隐没在杏花林里的村庄。

这种想象，是从意义识记的角度出发的，也是在启动你的右脑功能，由此而产生形象思维，在脑中勾勒出一幅图像。此时，把这种图像再转入左脑的逻辑思维功能中，由此而想到：诗人用"雨纷纷"描写春雨蒙蒙的时令，以"欲断魂"写行人在路途中的心境，"借问酒家"一笔写行人的内心活动，引出了最后一句对杏花村的联翩浮想。

在有了意境并进行逻辑的思考后，运用机械识记记住全诗每句的第一个字："清、路、借、牧"。于是，我们就在有意识记与机械识记的协同中，把这首诗背诵到完整记住为止。

背诵一首诗如此，记一篇短文也是如此。在记一篇短文时，为了用最少的时间达到牢记的目的，必须看到任何短文都有若干层面，在掌握了每个层面的中心词语后，再想下一步连结的内容是什么，用这些不同层面的中心词语和词语所产生的心理挂连建构一条通路，让这些中心词语像一个个链环连在一起，形成记忆的思缕。

八、长材料分散识记

另一种识记方式是分散识记。分散识记自然适用于较长的材料，这是因为，每个人的一次可识记的量都有一定的限度，人对自由己的记忆能力要有正确的估计，如能切实掌握自己一次识记所能达到的量，在识记中不超过这个量，就能避开疲劳的干扰。

分散识记的操作是把一个较长的材料分为 A、B、C、D、E 等若干部分，一开始先学 A，学完后休息；再学 B，再休息；再学 C，再休息……如此接续下去，把识记的任务分散在若干相隔的时间或是相隔在若干天内进行。识记中间的休息不论时间长短，如能做一些轻松的活动，对维持记忆的稳定有很大的好处。还有两种和分散识记类同的方法——累进方法与综合方法。累进方法是第一步先学 A，间隔休息后学 B；然后是第二步，复习 A 和 B，间隔后学 C，照此继续下去。

综合方法是先纵览材料的整体，通过纵览了解全文，然后识记 A，间隔后识记 B，间隔后识记 C，照此延续，最后再将各部分连贯一起，进行整体复习。

总之，从总体上划分，识记可有集中与分散两类，凡一气呵成中间不间断的识记称为集中识记；凡中间有休息的间断性识记称为分散识记。在两种识记方法中，究竟用哪一种合适，要根据识记材料的情况来确定。倘若对一份材料既不看它的性质，也不考虑自己一次可以识记的量，到手后就匆匆忙忙地背记，其效果必然很差。

心理学家认为，不论集中识记还是分散识记，成年人每次学习的时间都不要超过五十分钟；而儿童的年龄越小，注意力集中的时间就越短，一般来说，儿童的一次学习时间应该在四十分钟以下。

九、精读与过度学习

在识记的量的操作中，有一个需要明确的问题，目口快速识记的效率高还是放慢识记速度效率高的问题。通常以为快速阅读是值得提倡的，因为快速阅读可在一定的时间内增力口识记的量，故而记忆效果必定好。其实这种认识并不全面，因为就学习的总体而言，可倡导快速阅读，但就每个人来说，并不是识记的速度越快越好，在无须将一个较长材料完整地全部熟记下来的情况下，可以加快泛读的速度，而精读则必须放慢，因为精读的目的在于牢记应该记住的内容。

所以，在对一篇材料的整体阅读中，速度的快与慢不能一概而论。在识记的量的操作中，还有一个需要明确的问题，目口在学习中的重复应以多少为宜，这在心理学中称为过度学习，是指多次重复已经记住的内容，从而谋取熟记的学习。

美国的一位心理学家认为，过度学习的定义是，在达到最低限度领会的地步后，或者在达到勉强可以回忆的地步后，对某一课题继续进行学习。这就是说，过度不是多余的，它是为了不满足于刚刚勉强记住的状态，而要在此基础上通过再次的重复求得记忆"痕迹"的更加牢固。

从长时记忆生理机制的角度观察，进入大脑的信息需要在神经细胞间多次循环，经过一定的次数后才能作为"痕迹"保存下来。所以，对长时记忆来说，重复多少次都不过分。但为了节省精力，减少不必要的工作量，过度应有一个限额。

德国心理学家克鲁格在进行了深入研究后认为，过度学习的部分，一般以把握在原来识记次数的百分之五十为宜。举例来说，如某个材料背诵六遍已经记住，那么，再背记三遍加以强化，它的效果会更令人满意。

十、循序渐进，再循序渐进

良好的记忆有三方面的表现：记得快、记得准、记得牢。这三方面的效果，绝非急功近利所能得到的，许多功成名就的学者都建议做学问要循序渐进，并告诫我们一定要在日积月累上下功夫。16世纪捷克教育家夸美纽斯说："应当循序渐进地来学习一切，在一个时间内，只应把注意力集中在一件事情上。"

17世纪英国哲学家弗兰西斯·培根说："急于求成是必须谨慎的，须知狼吞虎咽将会令人消化不良。"

我国当代数学家华罗庚认为，他走过的道路，是一条循序渐进的道路，他说："学习科学知识犹如筑塔，级级上升，每一级都建筑在以下诸级之上。"

丰子恺是我国著名的漫画家，同时也是一位翻译家，他是怎样学习外语的呢？他初学外语时，要求自己对每篇外语课文都读二十二遍。他第一天读第一课十遍；第二天读第二课十遍，温习第一课五遍；第三天读第三课十遍，温习前两课各五遍；第四天读第四课十遍，温习第二、三课各五遍，再温习第一课两遍。

这样第一课用四天时间分四次读完二十二遍，随目标上一个二十二画的繁体字"讀"做记号。他就是用每一课四天时间学习二十二遍的方法来阅读外文的。

老革命家徐特立有一套行之有效的读书方法，其中主要的一条是"日积月累"，他四十三岁去法国勤工俭学，就是用日积月累的方法学会了法语、德语和俄语。徐老说："我读书的方法总是以定量有恒为主，不切实际的贪多，既不能理解，又不能记忆。要理解，必须记忆基本的东西，必须经常、量力才成。"

老革命家董必武曾于1932年赴前苏联学习过，二十年后的1952年，已经六十七岁的董老虽然担负着国家重要领导职务，工作十分繁忙，但他决心重温俄语。

他把俄语单词写在卡片上，每五张编为一个小队，每十张编为一个中队，每两个中队作为一个大队，每两个大队作为一个联队，像战争年代扩充军队那样，先组建第一小队，再组建第二小队，然后把两个小队组成一个中队来检阅。

此后，由中队组建大队，再由大队组建联队，不断地扩展下去，直到无数联队先后建成。他用这种方法重读了一万多个俄语单词。

诸如此类的事实告诉我们，循序渐进是在记忆中必须确守的原则。

美国一位名叫阿尔玛的心理学家做过这样一个实验：把智力水平相当的学生分为两组，让他们读同一篇短文。A 组用一天读五遍，B 组每天读一遍，连续读五天。两周后通过检查发现，B 组的记忆成绩为 37%，A 组的记忆成绩仅为 13%。

俄国生理学家巴甫洛夫也说："要想一下子全知道，就意味着什么也不知道。"事实正是如此，暴饮暴食换来的难道不是伤食不化吗？请记住，我们的大脑不是市场，没有商机，不可能在一夜之间暴富。

第四讲　最简单的有意记忆小秘诀

增强有意记忆的方法数不胜数，但真正实用、有效的还是不多，我们可根据自己的自身条件与爱好选择下面几种主要有意记忆方法。

一、一次记事不过"七"

就像一个星期的七天，世界七大洋，世界七大奇观，"七·七"事迹，七十二行，成语里有"七上八下"、"七手八脚"、"七七八八"，中国旧时的迷信，人死后每七天叫一个"七"，满七个"七"即四十九天时叫"断七"，常请和尚道士来念经超度亡灵。显然，七是同我们的生活有很深的缘分的数。

我们先来看这样一个小故事：美国心理学家米勒教授曾对"七"进行了种种实验，结果得到了很有趣味的资料：人一次能够记忆的最大的数量是七，于是他把七叫做"魔力之七"。只要是数量在七以内，不管那内容是单词也好，是同类的集合体也好，都是一样的。

由此可见，当我们要记忆很多事项时，不妨把同一性质的东西分类成七以下的小组，记忆的效率就高。分为小组时，一一地加上小标题，则比较能够牢牢地抓住整体，以提高有意记忆。

而打算归纳老师上课所讲的知识点时，也可把它划分为几个段落来进行更有效果。这可是巧妙利用了有限的记忆来实现对无限的内容的突破。

二、触景生情最好记

学文科的同学可能有这种感触：一些历史地名老是记不住，太枯燥。

那么假如有人问你，你到过历史上有名的地方，比方说去过南京，见过雨花台吗？那个用大石头堆砌起来的地方，只要是看过一次，不管谁都会深受感动，一辈子也不会忘记。这时在历史上发生的有关革命先烈的一桩桩事件，就会在脑子里打转转。

所以，我们应该亲自到那样的地方去，脚踏实地亲自看看那些历史遗迹，把它弄个清楚。在那里去玩味从书本上得到的历史知识，想象当时的风景，缅怀中国革命史上曾发生过什么事件。只要站在那里，闭上眼睛，就可以心向往之，引起无限感慨。历史事件一旦和这种感慨结合起来，就会被牢牢地记住，什么时候都可以和实地观察一道回忆起来。接触实物引起的这种现实感，能够加强理解和记忆。另外亲临现场看看，就会增加对历史的感情，回来之后，就会引起学习和研究有关历史的动机，并有助于加深理解和记忆历史事实。

另外，好奇心也大有助于理解和记忆，哪怕是读一本历史小说，也会引起广泛的好奇心。为了满足这种好奇心，固然可以去翻阅各种文献，但如订立一个称为历史纪行那样的计划，去实地考证小说中的历史遗迹，那就会使好奇心得到更大的满足，而且旅行的情趣也会增加。

三、卡片游戏可助记忆

当我们正聚精会神看电视剧时，会突然"啊呀"地惊叫一声。原来摄影师运用特殊手法和不同角度，为某演员拍出一幅特别优美的画面，使你以前不太注意的影星，顿时觉得她格外具有魅力。或者是在歌唱节目里也如此，有几台摄影机在同时操作，从各种角度来拍摄歌星的姿态，也都给人创造出新鲜画面。

记忆也是如此，相同的一种记忆材料，如能从各种角度来读，会使印象鲜明，而且可能有新发现，最后可靠这种驱动力，来使记忆扎根。方法就是多运用卡片，因为卡片和笔记不同，可自由排列组合。以历史而论，可把每个历史人物写一张卡片，可分别按年代、国别、功业来排列，一套卡片可有无数种组合，借以加强记忆和印象。其实何止历史应运用卡片，就是其他各科都可靠卡片来帮助记忆。

在青少年所要记忆的事情当中，最费力的恐怕就是英语单词了。据统计，如想从容地应付大学升学考试，最低限度也须记忆 6000 个英语单词，这必须从初中开始努力，孜孜不倦地记忆，慢慢地将单词一个一个的累积起来，才能达到目标，但是，对大部分的人而言，这实在不是件容易办到的事。

尤其有的人进入高中以后，才开始想要用功，努力扳回过去落后的功课。另外，为了升学考试须背更多的单词，内心焦急，只觉得升学考试真是痛苦万分，背了又背，却没什么效果，心头越来越沉重，每天都郁郁寡欢。

目前考大学，最低限度要记忆 6000 个单词。若是从初中时起就坚持记忆，努力去增加单词的记忆量，本来可以比较容易地达到目从标，但一般的同学却很少这样做。

有一部分同学，进了高中以后才想弥补这段损失，不得不专门为了高考去记忆单词而感到焦急。考前突击怎么能不痛苦呢？拼命地去记单词，却仍然是顷刻便忘得精光，让人看了既觉可怜又觉无奈。

这时起作用的是卡片游戏。用图画纸制作很多宽七厘米、长三厘米的长方形卡片，在这卡片上面写上要记忆的英语单词，背面写上意思。把发音错和有特别用法的地方弄清之后，也一并记在背面。正面用黑色，背面用红色写，很醒目，便于区别。

把卡片做好后，读正面的单字，再看背面，如此很容易便能记住。或者任意将卡片排列在桌上，记一个收一个，同时翻开背面再确认是否正确，正确的就放在小盒子里，大体上觉得记住了时，就把卡片正面朝上放在桌子上，胡乱放置。然后把已记住的单词卡片拣出来，翻过来看看自己记忆得是否准确。记对了的，放进小箱内，错了的另放在一边。记错的放在一边。若一卡片经常被留在桌上，应集中注意力，用两眼注视那个字，努力地想出其含意，最后仍想不出来的或记错的字，重新收起来再做一遍。

你如能写一套英语单词卡片，可分别按照难易、生熟、音节等顺序编成各种组合，不但可以加强记亿，而且随时可以使你产生新鲜感，一直到你把所有单词都记得滚瓜烂熟为止。

这样反复练习，看着卡片一次次减少，心中颇有成就感，也别有一番乐趣，记忆起来自然更快更轻松了。每次做卡片时，大约五十张就差不多了，使用字卡，不必像笔记或单词簿按照次序，你可以任意排列、选择要记的字。如果由好几个人一起来做竞赛游戏，那就更好玩了。将卡片全排在桌上，每人一次拿一张，并说出正确的含义，对了加五分，错了扣两分，看最后谁的得分最高。最后桌上仍剩下的字卡，由大家一一翻开记忆。当然，这种卡片记忆法，不光只用在英语单词上，把应该记住的名字写在上面，而相关的资料列在背面，便能记住人名，也可以用来做各种事物的记忆。这样的卡片游戏，相信任何孩子都会感兴趣。

经过一番苦战，桌子上便只剩下一些意义没记清的单词卡片。我们不妨又回头来一张张地努力去记忆它的意思。接着再把最后仍未记忆起来的和记错的单词卡片集中起来重新记忆。

这样反反复复的记忆之后，就会为卡片渐渐减少而高兴，对有意记忆本身也有了兴趣。若是把记忆所需时间和几胜几败也记录下来，就会激励自己的意志。当然，如果是几个人同时来比赛，会更有兴趣。把卡片摆在桌子上，每人一次只准拣一张，由拣的人说那张卡片所写单词的意义，说对了的，给他记一分，说错了的扣一分。记完为止，然后评比分数。到最后桌子上如仍残留着卡片时，大伙儿就一一翻过来再记。实践证明，这一方法比把单词表一路背下来效果要强得多。

四、利用相反、相近关系增强有意记忆

语言中有无数对立、类似的关系。比方有人说："目前通货膨胀

的情况将持续一段时间。"这句话中的"通货膨胀"如想正确地记忆，最好也能查出通货膨胀的反义词："通货紧缩"。仔细研究此二者之差异，互做比较。只要记住其中一方，便能清楚地把握另一方的含义。借着彼此对立的情况，便能清楚地记住。类似的语词，由于容易混淆，想要正确地记忆较为困难，但如果运用上述方法记忆则不难。想调查"股份公司"正确的定义而记忆时，最好将其他的公司型态一并查出，相互比较。

如"独资公司"、"股份有限公司"、"有限公司"等，找出它们的相似点与对立点，清楚地了解其中的关系，再来记忆，就变得非常容易了。反义词如此，近义词也一样。比如想记"股份公司"一词的定义时，就需对其他形式的公司如"有限公司、合股公司、合资公司、独资公司"等也了解清楚，特别是要把对立点和类似点摘明确。

我们经常会碰到两个看似风马牛不相及的事物，而往往不会发觉他们彼此的关系，究竟是相似抑或相对立。如一句棒球用语"不规则弹跳"（Irregular bound），很多人用好长一段时间，也搞不清 Irregular 这个语词和 Regular 选手（正规选手）中所用的 Regular 是彼此对立的用语。

五、用快乐的外衣包住知识

当你用"对你印象最深的事物"做题目，叫中小学生或大学生写一篇作文时，在他们所能回忆的很多事情中，发现记忆最清楚的是快乐的事。一个人从幼年时代就有种种体验，但其中悲哀和辛酸的事容易忘掉，而有永远记住快乐事物的倾向。

精神分析始祖弗洛伊德曾说："威胁自我的事情会被压制在无意识世界中，很难上升到有意识世界。"我们有时忘记的事，就是由于受到无意识世界所支配的缘故。显然，此种人类精神活动道理，就应该在学习或读书时，尽量和有快乐的事物结合在一起去记。

例如：不论任何讨厌的方程式，只要你不用厌恶的心情去记，就会被送入有意识世界。例如："酸化次铁"的方程式，你只要想到美国以铁腕两次投原子弹到日本，就可牢牢记住这个名词，还有"氯化钠"你可假想把盐当糖误放在咖啡里。

总之，用快乐的外衣包住知识，不论任何难记的东西。都可以顺利纳入脑海。

六、把要记忆的话编成故事

已经能很流畅的念出来，就不会像散乱的东西那样难记。遇有必须大量记忆时，如能加以整理再来记，效果既大而又容易记牢。因此自古以来最实用的记忆术，就是把所要记忆的东西套入某些文具里，并且编成一则故事，然后只要记住整个故事的情节就可以了。

第一要紧的，就是所编的这则故事，必须新奇好笑。三千年前写在羊皮纸上的古书，就早已经发现这种道理："人对普通的事不容易记住，只有对新奇、神秘、惊讶等事，叫人一见就牢记在心，而且久久不忘。"第二要紧的是加以形象化，就像演电影一般。假如所要记的是单词，就要变成易于浮现的形象，然后再编串成可笑的故事情节，如此才能牢记不忘。

例如：现在要记 Tree（树）、Air - plane（飞机）、Submarine（潜水艇）、Telephone（电话）、Automble（汽车）、Squierrel（松鼠）等六个单词。首先你要假想成一颗大树（Tree），于是就会浮现凌空的形象。接着这颗大树像火箭一般开始上升，而且发出隆隆的声音。不久大树在空中飞舞，也就是像飞机（Airplane）飞去。飞到海上的飞机突然坠落海中，变成一艘潜水艇（Submarine）。潜水艇里有一部电话（Telephone），电话铃不断在响，但是却没人来接电话。这时从潜水艇的尾部，突然出现一辆汽车（Automobile），有人一只手拿镜子，另一只手拿起电话听筒，但是听筒并没有响声，却跑出一只松鼠（Squierrel），并且顺着拿镜子的胳臂，飞跳到汽车里，坐在驾驶座上，开着汽车绝尘而去，如此就编成一则新奇好笑的故事。

有个考生曾对老师说："我不论读中国史还是世界史，都把史实想象成史剧。"他这种历史记忆法，就是在记某种史实时，随便编成一则历史故事，这不但可增加读历史的趣味。而且可训练想象力。

例如：林肯的被刺，当时会在戏院发生激烈枪战，不幸林肯当场被暴徒击毙。

又如：甘地的被刺，凶手只是一个不满二十岁的青年，而当时甘地已是八十高龄。因此，当凶手要开枪时，甘地会痛责凶手不该对长者有如此暴行，但凶手却回答他是代表全巴基斯坦人来行刺，结果一枪就击中甘地胸膛。

再如：拿破仑被困死在圣赫勒拿岛，临终前仍然保持法国皇帝的名义，但却在英军的严密监视之下，而不准他走出该岛一步，结果使这位盖世英雄饮恨而终。当初英国本想处死拿破仑，但担心为此惹起法国军民的暴动，而和英国发生一场新战争，迫使英国不得不放弃处死拿破仑的阴谋，才把他放逐到圣赫勒拿岛迫使他自然死亡。

恰如前面所说，和自己的趣味连接在一起，并且尽量加以趣味化，尽管是出于虚构，却足以加强记忆。当然，要把历史戏剧化时，必须切记史实与虚构的部分，否则如弄假成真，岂不是歪曲了史实。其实根本不必有这种顾虑，因为史实是书上写的，而史剧是自己编的，目的在加强史实的记忆，史剧只是一种记忆的手段，到运用时自然要把史剧铲除。这就如同盖楼房搭鹰架一般，鹰架是临时搭建的，目的是为便于工程的进行，楼房建成以后就要拆除，谁也不会把鹰架当楼房的一部分来使用。

据美国的实验，这种把要记忆的东西加以故事化的记忆法，比个别单独记忆增加七倍的记忆效果，而且最适合记忆英语单词和历史事实。

七、认清该记忆的对象

现在的学生，每天接受的信息量较之以前大大增加，因此在有意识地记忆之前必须有一个前提：认清该记忆的对象。否则，不管什么信息都照单全收，会大大增加记忆量和记忆的难度，影响记忆效果。

原因何在？

打个比方，如果你想记忆本年度的前十家公司，以及它们上一年度的总销售额或想记忆今年新加入的全部新生的面孔。

前者，必须从相关资料中查出各家公司去年的总销售额，列成一览表。

后者，则须收集新加入的所有学生照片，制成一张表，在照片下面写上他们的姓名、年龄，利用空闲时间，仔细看清每位新生的面孔，并与姓名及其他资料对应起来。

之所以这样做，目的是为了进行有效的、清楚的记忆时，能将要记忆的对象，具体归纳整理，并和其他不准备记忆的事物，做一个明显的划分。

除了编列成表，有时也可将要记忆的事物，写成短篇文章以方便记忆。假如预备记忆的事物，模糊不清，有如坠入迷雾中，连方向都搞不清，就想把这些模糊不清的事物记忆起来，那不知要消耗多少体力、能量，花费多少精神才办得到，有时甚至于仍然记不下来；或者虽然记住了，却仍模糊一片，效果不佳。即使记住了，也没什么用处。

因此，预备记忆的内容，一定要十分明确清楚，才容易记忆，以后再确认时，也才能迅速无误地想起，并做出明确的判断。对自己记忆没信心者，大概无法将记忆的对象巧妙地整理出来。不论在企业界、学校、或在工作场合、日常生活中，凡是遇到必须记忆的事物，如能清楚记忆的对象，不论多庞大的资料，只要花点时间、耐心和毅力，任何人都办得到。

假如：你原本不太了解本校新生的具体情况，而想加以记忆，就可以运用上面的方法：首先，寻找对此较为清楚的老师，向他们查询有关数据。或者，到学生课调阅新生名册，直接到各班调查也可以。找到了成员所有名单后，列出简洁的记忆表，在这过程中或许会遇到例外的情形。但先不要去管他，只要先掌握大纲或大体的情节，等大体记忆好后，再详细记忆每个部分。最后，全部记忆好了，将表盖起来，重新回想一遍，测验一下自己是否能完全记忆。如果有地方遗漏了，就继续反复记忆直到完全正确地记忆为止。

八、减少记忆对象

如果必须记忆的事物，有20个、30个以上，一想到有这么多的东西要记，心就先凉了一半，还没开始记忆，意志已开始退缩。因为，如果该记忆的事物太多，在脑海中刻画如此众多的形象，必须要花费极大的力气，即使下许多的功夫，花很长的时间，也许都还记不好，难怪一看到要记那么多东西就已先令人沮丧了。

一下子要将许多东西，一股脑儿全塞入脑海里，只怕只能制造头脑的昏沉、混乱，到头来一点用处也没有，相信每位同学也都有同感吧？

现在就向大家介绍一种可以轻松记住许多事物，且不会在脑海中造成混乱的秘诀：

首先，记忆之前先检查必须记忆的事物，将来还有可能用到吗？究竟有无记忆的必要呢？记忆这件事对以后能有帮助吗？在记忆前养成检查事物的习惯，有助于从众多资讯中，正确选择对自己有帮助的、有意义的部分来记忆，可以减轻过多事物的负担，并避免将时间浪费在不必要的事物上。

其次，将要记忆的事物，由自己亲自加以整理分类，将相似的事物置于同类的一组，如此一来，只要想起其中一类，每一类中的各个事物就能一个接一个地记起。

为了清楚记忆，整理分类的工作最好由自己来做，将构成的一类事物，整理为一个主题或一篇短文，在脑海中描绘出主题或短文的特性及重点，以便于记忆其中的各个事物。

现在是信息爆炸的时代，作为学生也不例外，我们必须对所有的信息（包括课内、课外）做一番正确的取舍，才能真正记忆对我们有益处的东西，并加以灵活运用。如果真能做到这一点，对我们的学习会有极大的帮助。

九、把事物分类、整理后才开始记忆

当我们走进某个房间中，无意间看见屋子里有钢笔、笔记簿、便条纸、啤酒瓶、墨水、茶杯、铅笔、玻璃杯、书籍、报纸。倘若想将这些东西全部记起来，该怎么做呢？

当然，将这些东西一个个记起来，也没什么不好。但若能先将这些东西加以分类，记忆时比较容易，再回忆时也比较不易遗漏。

具体的步骤如下：

1. 首先，把钢笔、铅笔、墨水归为一类——为笔记用具。

2. 把笔记簿、书籍、便条纸、报纸归为一类——这些都是用纸做的。

3. 把茶杯、玻璃杯、啤酒瓶归为一类——因为它们都是装液体的容器。

先发掘共同点，再加以归类，且依各个类别分别予以记忆。每一类中只有少数几项东西，更能轻松地记忆，且不易忘记或遗漏。

同理，学习中那些杂乱无章的内容，记忆之前，也必须先分头整理。虽然，分类时也要花一点时间，但为了记忆所花的时间与记忆并再现原本杂乱无章的事物所须花费的时间一经比较，仍然要少得多，而且正确率更高，故仍十分值得。

整理后的记忆分组的标准特性，不一定只能有一个，可依其机能、构造、性质、大小、颜色、轻重、存在场所、时代等来划分。如果并非东西，而是人的话，可依性别、年龄、出身地、籍贯、毕业学校或 ABC 的字母顺序来划分。

为便于分类，组数及组内的个数都须适当，不要太多也不要过少。组数太多，记忆不易；组数过少，组内个数相对增加，也不易记。同时，分组时也要注意，每组的个数相差太多也不好。分类结果，往往会出现既不属于这组，也不属于那一组，编入任何组都不恰当的东西，这时，不必勉强非把它归进某一类不可，或拼命地寻找它和其他事物的共同性，只须将其单独归为一类便可。

十、让历史人物和身边的人拉上关系

你在历史人物中，例如：孔子、孟子、苏格拉底、柏拉图、王阳明、康有为、孟德斯鸠等对那一个人比较具有亲切感，就本国来说，当然是孔子、康有为、王阳明。因为苏格拉底、柏拉图的名字都不好记，而康有为、王阳明则最好记。

什么道理呢？

因为苏格拉底和柏拉图都是古代人，而孟德斯鸠，却由于是外国人而缺乏亲切感。反之孔子、孟子两人则不然，第一他们是中国人，虽说是千百年前的人，但由于各史书都有他们的故事，因此在心理距离上觉得很近。

总之，愈是和自己生活有密切关联的人愈有亲切感，愈容易记忆。

既知此种道理，在记历史人物时，就可利用身边的人来加强记忆。例如"李鸿章的鹰钩鼻子最像卖鱼老头""林则徐最像我表叔XX"等，就是把对历史人物的印象、类似点、共同点和你生活圈子的某某人拉上关系，就可把时空很遥远的人物，缩短很多心理上的距离，从而达到你完全记忆的目的。

十一、把汉字编成套语来记忆

汉字的结构很复杂，因此也最难记，跟记英语中的不发音字母一样难。尤其是那些形似的字最难记，一不小心就写成错别字。其实汉字的结构固然复杂，并不见得比拼音文字难记，因为汉字也有拼音文字的成分，这就要看你会不会用科学方法来记。

因为汉字都是根据所谓"六书"形成，也就是每个汉字都有它的形成来历，也就是分别根据象形、指事、会意、形声、转注、假借形成。可见你只要记住一个汉字的构成部分。就可记住整个汉字。例如"唱歌"的"歌"，"哥"就有拼音作用，再加一个打呵欠的"欠"字就成了"歌"。

尤其是记人的姓氏时更可编成套语，像弓长张、立早章、木子李、三横王、草头黄、二马冯、木可柯、口天吴、耳东陈、千八女鬼魏等，都是加强记忆的典型方法。同理要把其他类似的字，都能编成这种套语，也会有加强记忆的作用。

又如"识"、"织"、"帜"三字，表面看起来很不容易分清，其实只要注意到这三个字的构成部分，就知道知识的"识"跟语言有关，而纺织的"织"跟丝绢有关，至于旗帜的"帜"则跟布有关。因为要求知识必须靠语"言"，要想纺织必须用"丝"绢，若想做旗帜必须用"布巾"。

如能用这种方法来记忆，就绝对不会弄成"知织"、"纺识"的笑话了。

十二、高兴的事更容易记住

任何体育活动，优胜者总要得到奖励，似乎已是天经地义的事。运动员得到奖励，必然会受到鼓励，不断进取；同样的，孩子的记忆效率能得到改进，也应及时奖赏他，这必然会刺激他的记忆能力有更大的提高。

心理学家做过这样一个实验：实验要求被试者在七分钟内尽可能地回忆并写下三周以前所有愉快的经历。写完后，再换张纸，要求他们同样在七分钟内尽可能回忆并写下三周以前所有使他不高兴的事情。写好以后，把两张纸收起来，告诉被试者实验已完，不给他们任何外在的压力和暗示。21 天以后，突然再把他们集中起来，叫他们重做三周前的工作。两次填写的表格对照起来，是很能说明问题的。下面是统计结果（按百分比计算）：

第一次回忆：高兴的经历 17%，不高兴的经历 13%；

第二次回忆：高兴的经历 8%，不高兴的经历 4%

实验表明，不仅在最初记下的种种经历中，高兴的事情远比不高兴的事情记得多，就是在 21 天以后，高兴的事情也同样记得更多。统计数字还表明，最初记下来的高兴经历有 42.85% 在第二次回忆中被记住了，而不高兴的经历仅有 28.11% 能在第二次追忆中记住。这一切都说明：高兴的事更容易记住.

十三、战胜记忆的敌人——不良情绪

像成年人一样，青少年的心情也总是变幻不定的。生活中的诸多因素，如外面的娱乐、环境的干扰、生活的变化等等，都会对青少年的学习和记忆起着消极的作用，使他们对学习和记忆感到枯燥乏味，厌烦至极。

那些看到同伴似乎从不用功苦读却成绩优异的争强好胜的小学生，总是自视甚高，你可如此，我何不能，那些迷恋于电视游戏节目的贪玩孩子，总是固执地认为学习就像玩游戏那样，可轻而易举地成功。孩子们的天性使他们乐于沉溺于愉快的游乐之中，而厌恶枯燥的学习；幻想则使他们不切实际地估计自己的能力，难以做到正确地自我评价。

这些来自于各个方面的干扰，对孩子们的学习和记忆均会产生不利的影响。因此，一定要控制这些不利因素的影响。对于许多父母来讲，收录机或电视的干扰是一个非常令人头痛的问题。家长总是看到孩子们边看电视边做作业，而孩子们却错误地认为这样做没有任何害处。事实已经表明，学习过程中因注意力不集中而造成的心神不安是相当消耗精力的。因为，人们的记忆过程恰恰像其他任何生理过程一样，是身体能量的消耗过程。

如果青少年同时做两件事情，那么，他在完成必要的记忆过程时，需要多付出一部分能量用以克服干扰，从而增加了身体能量的消耗，致使他很容易感到疲劳。所以，为了成功的学习，为了成功的记忆，家长必须告诫自己的孩子，应把全精力倾注于眼前的学习之中。

有人做过这样的实验：一组人，坐在舒适的椅子上，甚至半仰着身子，在那里读书；另一组人，坐在硬板凳上，从事紧张的演算工作。过了一段时间，前一组人很快就疲倦了，产生一种昏昏入睡的感觉；而后一组人，身心集中，精神亢奋。结果，后一组人记忆效果要比前一组人高了10%。心理学家把这种情形概括为"紧张状态"理论。

这一理论认为，一个人只有在"紧张状态"下才能使某些行为，某些目的得以完成。这里所说的"紧张状态"，是指某种行为向完成状态过渡的趋势。这个时候，人的兴致最高。

比如：端来一盘食物，吃到大半的时候，你可能就饱了，但还是想把盘子里的东西吃完，否则，就感到别扭。再比如：小孩玩游戏，玩到兴头上，谁叫他也不理，既不觉得饿，也不觉得累，非要玩完游戏才罢休。同样的道理，这个时候，人的记忆功能也最有效。

心理学家又根据紧张状态理论做了一个进一步的实验。实验要求被试者在限定的时间内背诵一组单词，进行到一半的时候，突然打断他们，再给一些新的单词，要求他们限时记忆。结果，不管是先记的，还是后记的，记忆效果都不好。

相反，如果让他们连续记忆一组单词，中间没有任何干扰，结果记得就很牢。这个实验说明，连续记忆一组单词，被试者就会全身心地投入到记忆目标中，因而记忆效果最佳；假如中间加入干扰，就打断了"紧张状态"，必然影响记忆效果因此，从理论上说，寻找借口，放松自己，实际上就随意破坏了记忆系统的"紧张状态"，使之不能连续正常工作，结果，浪费了时间，什么事都干不成。怎样控制上述的种种不良情绪？这个问题看似简单，却相当重要。

只有解决了这个问题，孩子才能在改进记忆效能方面把步子迈得更大一些。为此，下面扼要地介绍一下控制情绪的三个步骤：

首先，当孩子产生某种滞涩情绪时，家长应首先使孩子敏感地意识到："我正被某种奇怪念头转移奋斗的目标。"如果孩子迎合了这种滞涩的情绪，无疑就是向某种奇怪的念头屈服了。这些奇怪的念头多种多样，也许是想读小说，也许是想看电视，也许是想听音乐，也许是想聊天。不管它是以什么形式出现，其目的只有一个，就是迫使孩子成为它的奴隶，就是阻止孩子完成业已确定的任务。

如果想要孩子提高自己的记忆能力，就需要有一种明确的意识：决不能让形形色色的奇怪念头左右孩子，决不能让孩子轻意地放纵自己，沦为情绪的奴隶。

其次，尽快着手做那些业已确定要做的事情。奇怪的念头，随时都会出现。它是前进道路上的陷阱。稍有不慎，孩子就会陷入这个难以自拔的圈套。今天，孩子可能仅仅推迟了一两分钟，明天，孩子就有可能推迟一两个小时，长此以往，孩子推迟的时间必然会越拉越长，无端地消磨了宝贵的时光。因此，要时刻保持清醒的头脑，凡事不能有片刻的迟疑。该做的，马上就做。不能受情绪的摆布，而是应当成为情绪的主人。

最后，不受任何干扰，继续工作，直至完成。不要误以为已经掌握了控制情绪的前两个步骤，就不会再受情绪的干扰了，就可以轻松一下了，这是大错特错的想法。

十四、把死历史变成活东西

有很多同学一提到"历史"，就认为全是罗列年代与人名的枯躁无味功课。但如果把单纯的史实与人物和我们日常生活发生关联，就能把死历史变成活东西。其方法是多读历史小说和传记，从里面发掘历史掌故和插曲。

如此就可以把枯燥无味的死人物，变成你喜欢记的活人物，例如拿破仑的恋爱故事，路易十六被送上断头台等等。又如美国史上有一个重要年代，这就是1800年把首都迁到华盛顿。而作为总统府的白宫，其中有一间今天作为办公室的房间，当年是第二任总统夫人的晒衣场。倘能多记些此种有趣掌故，自然会对历史发生兴趣而加强有意记忆。

十五、温故才能知新

（一）适当复习

适时地加以复习反复记忆很重要，但有的人却认为隔几天再复习一两遍就可以了。

换句话，有很多人认为，几小时以后复习，和几天以后复习是一个样的。若有人这样想，必然使所学会的东西很快忘得精光。

原因是，同样的复习，和最初学习时间的远近，在效果上有很大差别。根据埃滨格豪斯所做的实验，人类的记忆分成易忘部分和不易忘部分。易忘部分约占全体的 2/3，记住之后如果不复习，多半在 9 小时以后就忘掉。其余不易忘部分的 1/3 能维持到数日的记忆周期，但到最后也会慢慢忘掉。

假如你能适时加以复习，不但能把全部忘掉的东西重新记起，而且能加强模糊不清的记忆部分，对读书效率的提高自然很大。虽说如此，关于最容易忘记的部分，如能在还没忘掉的 9 小时内复习，和经过 5 天或 15 天以后再复习，前者 10 分钟的效果，可和后者 1 小时的效果相比。不过在读后 30 分钟或 1 小时就复习，由于忘记率不高，无加强记忆的必要，所以复习的效果反倒不好。

复习计划是复习工作的前提条件。制定复习计划，是使复习工作有秩序地进行，并实现计划目标的重要保证。复习计划中的目标，应有总体目标和各科的分目标。家长辅导孩子制定复习计划的目的就是把孩子的注意力集中在这些目标上，从而减少复习中的盲目性，控制复习的进度，有效地提高复习质量。

家长在辅导孩子制定复习计划时，应遵循以下几点要求：

1. 根据国家教委颁布的各科《教学大纲》和教材制订复习计划，使复习的范围与《教学大纲》的范围相统一；

2. 根据学生本人的实际情况制定复习计划，计划中提出的目标和任务应该是经过努力可以实现的；

3. 复习计划的任务要明确，措施要具体，完成任务的时间要落实。

制定复习计划，应注意长期计划与每日计划相结合。长期计划就是考试之前的这段时期内复习的大致安排；每日计划是每天的具体安排。

一般说来，复习计划应包括以下几方面的内容：

（1）各科复习的基本要求和力争达到的定量标准；

（2）各科复习的重点与难点；

（3）复习的方式、方法；

（4）日程安排。

在制定复习计划时，还应注意以下几个问题：

（1）适当安排复习内容，相似材料不应交错复习如果复习完一种材料，紧接着复习另一种与它相似的材料，两种材料会互相干扰，影响复习效果。

例如：刚复习完汉语语法，不宜马上复习英语语法。此外，难易程度不同的材料也应交叉复习，不宜把难度大的材料都放在一起复习，以免造成劳逸不均，疲劳过度，影响复习效果。

（2）教材的整体与部分应结合起来进行复习复习一个具有完整意义的材料，通常有整体复习、部分复习、整体与部分相结合复习三种形式。但综合复习（即整体与部分结合）的效果一般优于单纯的整体复习或部分复习。

在运用综合复习形式时，材料分段范围的大小，应根据材料的内容、难度以及自己的能力来定。

（3）对一段教材中间部分的复习应该比两端部分稍多些，因为在记忆中间部分内容时，要同时受到前、后内容的干扰，因此困难较大。

复习方法应该多样化：

每一个孩子的能力、个性都不一样，记忆的能力也不一样，复习方法也要相应的多样化。下面，是各种常见的有效的复习方法，你可以根据自己孩子的特点选择其中一种。及时复习法学习最怕遗忘，所以才复习。

根据心理学家的研究，青少年学习过程中的"遗忘"有以下几个特点：

（1）学习结束后，遗忘就已开始。

（2）遗忘速度的规律是"先快后慢"。

（3）大部分遗忘是由于干扰所造成的，即新学知识对旧知识的干扰。

（4）不用的东西会很快被遗忘。

（二）怎样及时复习

1. 复述复习法

第一次复习，下课后立即整理笔记，并记住其要点。阅读后，立即用自己的话复述一遍，这是保持记忆的最好方法。

第二次复习，重新看一遍笔记，将要点用自己的话复述一遍。有不明白之处，立即向老师请教。

第三次复习，每周一次，将本周和以前所学的东西全部复习一遍，串起来思考、记忆。这样有系统地及时复习会收到最佳记忆效果。

2. 后退复习法

当复习中出现难点搞不清时，说明这部分知识在理解上还不够深刻。经验证明，人体活动时，能迅速诱导大脑思维问题，急中生智就是这个道理。

这样做的优点是：记忆清晰、节省时间。

3. 袖珍本法

把重点公式、定理、定律，英语单词、概念、原理，简要地分别整理在几个小本子上，每页正面记问题，背面记答案。

此方法的优点是：携带方便，随时随地都能复习。

4. 小考问法

同学之间互相考试提问，口头和书面相结合。

其优点是：取长补短，加强记忆。

5. 请先生法

就是请同学把你不懂的问题讲一遍。

它的优点是：节省复习时间，提高复习效果。不耻下问，是一种解决疑难问题的较好方法。

6. 总结法

在复习完某一单元或者一门学科之后，回过头来总结一下，进行知识归类，使其系统化，并找出纵横联系。对知识纵的画线，即用最主要的基本原理、公理、定律为线索，把各部分知识串联起来，从中发现其规律性，并找出各自的特点；横的挂钩，即把不同的学科或者不同知识挂起钩来。

其优点是：系统、完整地掌握所学过的知识，融会贯通，便于记忆，灵活运用，提高分析问题和解决问题的能力。

（三）内容相同，用不同形式反复记忆

就记忆而言，反复练习是不可缺少的要素。不过反复练习法有很多，特别是把所记住的东西，到用时能准确无误地想起，是所有方法中最重要的方法。记忆第一阶段的复习，当然是用相同方法机械式地复习相同内容。

例如：英语单词、历史年代、人名及其业绩、化学方程式、数学和物理公式，不论哪一种在记住之后，都还需要反复练习。有时还要像念经一般，朗读出来效果更好。但要想能够准确顺利地记起要想记住的事物，采用相同的方法反复练习，效果并不理想。单纯的反复作业，自然会产生厌倦感，容易出现"视而不见"的情形，也就是"心不在焉"地读，无法理解内容。

特别是对于记忆的确认，如用和最初学习相同的方法，只能从相同的角度来视察内容，这并不是最有效的读书方法。为了强化记忆，要尽量使用新方法来复习。即使完全相同的内容，由于所接触的形态不同，就会对内容有一种新鲜感，而且会对内容有新的发现。

就拿历史来说，最初死记教科书，其次看年表，再次看参考书，然后又翻阅历史地图，最后更读历史题解，运用各种角度来记，包括预习、复习、上课等等，效果一定特别好。如此改变方式反复练习，每次都有不同形态的出现，复习的效果一定会更好。即使在记英语单词时，不仅要运用英译汉，还要运用汉译英，并且用来造句，甚至于当标题作短文，也是用各种角度来加强记忆，才能记得牢而永久不忘。

十六、买合乎自己读书方式的参考书帮助有意记忆

很多人在买参考书时，往往不管内容好坏，只选有名作者和一流出版社所出的书，其实这是极大错误，因为不论作者如何有名，如果他的解释形式和记忆方法，和你平时读书的习惯不同，那对你也丝毫无用。

例如：一个要学打高尔夫球的人，必须先选和自己身高相同的人来教，因为身材高低直接影响挥棒方法。记忆也与打高尔夫球挥棒相同，虽然有一般性的记忆法则，但个人却有个人的独特方法。而作为记忆教材的参考书，就等于高尔夫球的教练，必须选合乎自己记忆方式的书。

建议在读书时，最好专选完全合乎自己读书方式的参考书，例如：用黑体字等，这会对读书效率增加很多好处。遇不到"合乎自己读书方式"的参考书绝不买，假如不彻底实行这种原则，即使你有再多参考书，对你的记忆也无帮助。

十七、对青少年记忆的成果给予奖励

即使不太愿意做的事，一旦有报酬，总会产生或多或少想做的意愿。报酬的吸引力极大时，即使不曾特别叮咛孩子，小孩子自己也会因报酬的强烈吸引，而积极地向父母要求帮忙做事。大人和小孩相比，虽然不像小孩子这样坦率而毫不犹豫地争取，但报酬的确也滋生了激励的作用，故我们在记忆时，便可利用自己的这种心理

状态。

而对于孩子，当然就更不用说了。如果本来没有积极的意愿去记忆某一件事，但得知一旦记忆之后，将获得报酬，心情立刻就振奋、积极了。虽称为"酬劳"，却并没什么特别，只不过是对自己说："如果把作为目标的事物范围扩大，就让自己舒舒服服地坐在沙发里，喝口茶，休息休息，吃点点心，看看电视什么的也可以把用功的时间，划分为好几节，每做一节，就有一项酬劳，酬劳越来越高，就能充满耐性地坚持到最后。

不过，用这种方法要特别注意，莫让报酬的魅力过强，致使孩子为达不到要求而自暴自弃，干脆把用功丢在一边，专心看起漫画或电视，那就前功尽弃了。一般人虽不致如此，但是也要避免，以免静不下心来用功。心绪不宁，杂念纷至，那是没有用的。

对于有些意志力薄弱的人，我们无话可说。但是，一般的青少年往往能借着想要酬劳的欲望，鞭策自己努力，而很容易达到集中精神、提高效率的效果。

因为，过度禁欲式的用功，久而久之，效果会越来越差，有的，最好把时间划分为三十分钟，到时，比较有助记忆的效率，所谓报酬，便是令自己获得喘息的机会。休息是为了走更长远的路，这句话真是一点不错。这样的奖赏，相信任何父母都拿得出来，绝不会吝啬的。

十八、对压力要采取乐观的态度

在学习有意记忆的过程中，不会一帆风顺，一旦遇上挫折，便会给孩子带来巨大的压力。作为一个学生来说，应该怎样正确对待来自各方面的压力，特别是来自学习记忆方面的压力呢？

首先，要正确认识压力。

压力对学生来说，主要是由于学习的成绩问题。一个孩子如果学习成绩好，那么压力就小；如果成绩不好或不太好，那么压力就大。什么人给孩子压力？老师以外，主要是家长。家长为什么给孩子压力？就是希望孩子能提高成绩。这样分析，家长给孩子以压力，其出发点绝大多数是好的，是善意的。

既是这样，有些孩子由于害怕压力，把施压者视为仇敌，甚至以死来抗争，这明显是十分错误的。同时，更要认识到，有压力并不是坏事。

有一位清华大学的学生曾对压力打过这样一个比方："吃过高压锅煮的饭吗？松软可口。喝过高压锅煨的各种肉汤吗？肉烂汤鲜。知道为什么吗？正因为那是用'高压'锅做的。这个比喻也许不太恰当，但我想说的只是这样一个意思：高压能造就人。我要说明的一点是：我所说的'减轻压力'并不是说让你去减轻外界压力，而是保持心态平衡。我赞成外界的压力，为什么说'自古英才出贫家'，纨绔子弟没有生活压力，也就没有了吃苦耐劳的品质，当然无法成才。"这位学生讲的话确实是有道理的，每一个人生活在社会中，确实离不开压力，可以说没有压力，社会就不可能进步。

比如以美国制造原子弹来说，如果当时希特勒不在着手制造原子弹，美国为了抢在德国前面，那么，美国就不可能那么快地造出了原子弹。这也就是说，正是由于德国的压力，才促使美国提前造出了原子弹。由此说明压力并不是坏事，而是好事。所以，孩子从小经受一些压力，并不是坏事。如果每一位孩子，都能如上面那位清华学子一样正确认识压力，以及正确对待施压者，那么，对压力产生的恐惧心理就会小得多。

第二，对压力要采取乐观的态度，要保持一种豁达的心态。

有位品学兼优的学生是这样对待压力的。他说："当我发现被压得越来越重时，自己便挖了一个'小孔'给自己透透气。第二名，要紧吗？不要紧，没有常胜的将军，跌倒了，还可以再爬起来，在哪里跌倒就从哪里爬起来迎头赶上！往最坏处想，高考落榜，要紧吗？我担保这个社会饿不死你，又不是只有高考一条路，世上的路千千万万，条条大路通罗马。多向自己说几个'不要紧'。一次考试的失误，老师家长的批评，都说明不了你永远不行。不要害怕失败，用一句最通俗的话说：'失败乃是成功之母。'这一点，便是减轻压力的精要所在。也许你在过去十几年中一帆风顺，于是受不得一点的失败，这样无形中给自己加上了很重的枷锁。请我们务必相信，人的一生必然会经历失败，我们应该勇敢地面对。"

这位同学所讲的减轻压力的办法就是豁达。什么是豁达？豁达就是"想得开"，具体来说就是处处作最坏的打算。最坏的打算都能承受，压力就不成为压力，压力自然就减轻了。有些同学所以会寻短见，会痛不欲生，全是不豁达的结果，全是想不开的结果。问题的关键在于，考试成绩是次要的，只要自己已经尽了力，那对自己已经于心无亏，对父母也可交代了。同时，如果能从此吸取教训，更加努力学习，化消极因素为积极因素，从此取得好成绩，反而是一件好事。

十九、有条不紊地按程序学习

将一门课程的教材按逻辑顺序分解为许多单元和小项目或小步子，每个项目都要求学生用填充、是非或选择的方式作答，然后指出答案的正误，进行下一步复习，由一步步累积而达到学习目标，这就是程序记忆法。程序复习有许多模式，有代表性的是直线式程序和分支式程序。

（一）直线式程序

其特点是单一解答，复习的目标是重现而不是再认。该程序是将教材分解为一系列连续的小步子，每次只向学生呈现一个小步子，要求学生做出解答反应。若答对了，就往下进行，若答错了，则设法纠正，等答对了，才呈现新的项目，进行下一步复习。它要求学生严格按规定复习。

（二）分支式程序

"分支式程序"又称"可变程序"，其特点是具有多重选择反应。

它的具体做法是：把教材分解为小的逻辑单元，步子比直线程序大，内容多：学生复习一个逻辑单元 1 以后，用多重选择反应进行测验（让学生回答对、错或不知道），由测验结果决定下一步复习。若选择答案正确，表明他已领会教材，可以进入新单元 5 的复习；若是选错了，就分别引入 9 的分支程序去复习补充教材，然后再回到1，重新选择答案，直到选对答案后，才进入5的复习。

一般认为，分支式程序能够适应学生的个别差异，能提供不同的途径及其相应的补充教材，帮助学生纠正错误，因此，比直线式程序更为有效。

采用程序复习法复习某科教材时，应该遵循下述四项原则：

1. 积极反应原则。学生对所学内容要反应积极，认真思考，千方百计寻求答案。

2. 及时强化原则。家长对学习结果要立即予以强化，答对了就要及时给予奖励，答错了就要及时予以纠正。

3. 小步子原则。就是将所学内容按逻辑顺序分解为许多小单元或小项目，一部分一部分地复习直到熟练掌握为止，切勿"暴饮暴食"。

4. 速度自控原则。根据自己的能力来控制和调节记忆速度，从慢到快，以便掌握扎实、牢固。

程序记忆法具有以下优点：

（1）分步学习自定步调，使学生能从自己实际水平出发，有利于培养学生兴趣和积极性；

（2）以学生自学为主并进行自测，有利于发展学生的自学能力。

（3）分支程序不仅能根据学生的错误提供补充教材、帮助学生纠正错误，还可使家长了解学生的复习过程和有关问题，有利于改进辅导工作。

二十、复习的次数应"过量"一些

所谓过度复习就是复习某一课程材料在达到最低限度的领会或

勉强可以回忆的地步以后，集中一定的时间继续进行复习的一种复习方式。也就是说，复习知识的次数要稍微"过量"一些。

比如：记忆一篇文章，其中需要背诵一些词语，如果背4遍能全部背诵出来，则不要就此停止，而应比4遍再多一些。复习一种材料后，继续进行复习，不但保持好，而且节省时间。过度复习能取得良好的保持，在日常学习中有不少事例可以说明。

英语26个字母其间没逻辑关系，但由于人们时常接触，对前后顺序记忆很牢固。反复练习过的技能如骑自行车、游泳和打字等，即使多年没用过，也只需少许练习就能恢复以前的水平。

实验表明，过度复习的程序不同，其保持的数量就不同。过度复习程度达150%时，记忆效果最好，超过150%后，效果并不随之递增。心理学家曾让三组被试者复习一组序列词汇，每一组学到全部能回答时就停止复习；第二组进行50%的过度复习（例如：学到第八遍时刚好全部记住，那就再学四遍），第三组则进行100%的过度复习。

由此可见，过度复习越多，保持率越高。

怎样进行过度复习？

根据以上过度复习法的基本原理，在平时复习时，应注意两点：

1. 不要认为对某一种学习材料已学会了，或复习得"差不多"了，就止步不前，而应当"趁热打铁"，继续复习或练习，以利于巩固所学内容。

2. 对那些十分重要并希望能长时期记住的材料，可用过度复习的原理，持续不断地复习，直至达到长时记忆为止。

二十一、由点到面，逐步缩小记忆范围

一些学生准备考试时大都用反复阅读方法来背记材料。他们只知道念呀，念呀，一直念到课文终于在脑袋里"生根"为止，因为他们不懂得科学的熟记方法，不懂得复习的合理原则。从巩固记忆的角度上看，这种没有条理性的复习方法是一种效率极低的方法。

这样复习不但非常费劲，而且效果也远不如运用合理复习方法的好。

在这方面，心理学家做过一个有趣的实验，他们把参加实验的学生分成四个小组，给所有各组指定的任务都是记熟一篇文章。第一组由教师把文章朗读四遍；第二组由教师朗读三篇，让学生暗自复述一遍；第三组教师朗读二遍，学生暗自复述两遍。第四组教师朗读一遍，学生暗自复述三遍。结果发现，默写文章时成绩最好的是第四组的学生，第三组次之，第二组更次，最差的是第一组。

根据以上实验，心理学家总结出了四环节复习法："四环节复习"，是通过由点到面的综合概括，逐步缩小记忆范围，利用较短时间掌握全部教材内容的一种学习方法，它包括精读材料、编写提纲、尝试背诵、有效强化四个环节。

那么，怎样进行四环节学习？

（一）精读教材

精读教材要求对所学内容，抓住中心细心阅读。根据材料的不同类型、不同分量，掌握其要点、重点和难点，理解知识间内在的

必然联系，在脑子里形成一个知识的网络。心理学的研究成果表明，对材料的理解程度，极大地影响着人们的记忆。有意记忆的基本条件就是对材料的理解。只有理解了才易于记忆，才会对所学内容融会贯通。朱熹强调读书要"熟读精思"，就是强调对学习内容的理解。

（二）编写提纲

即在理解所学内容的基础上，细致地进行筛选、概括、组织，然后根据材料的性质，用自己的语言，提纲挈领地编写提纲（每篇划分为几部分，每部分划分为几段，每段概括为一句话），从而使学习内容有条不紊，简单直观地呈现在面前。编写提纲是增强智力活动的有效方法。

层次分明、逻辑性强的提纲，便于识记和保持。因为材料的组织形式是影响记忆效率的一个主要因素。有条理的材料比杂乱的材料更便于记忆。对这点，许多在考试中取得优异成绩的学生都有体会。

（三）尝试背诵

尝试背诵，即对所编提纲，按照顺序一遍一遍试着背诵。遇到不会或不清楚的地方，再翻开书本对照，进一步增进对知识的理解、深化和记忆。这一过程是对学习材料进行迁移内化的过程。科学研究成果表明，试图回忆和反复阅读相结合，可以使人的大脑细胞处于高度兴奋状态，为建立更多的暂时神经联系提供机会，促进积极的智力活动。

这是一种积极的学习。实验结果表明，尝试背诵方法的效率是单纯诵读效率的 2—3 倍。积极的脑力活动必然使信息通过各种途径在大脑皮层留下更深的痕迹，使神经联系变得容易，使记忆变得牢固。

（四）有效强化

即使用最简短的语言，抓住概念的内涵、实质和学习材料的核心内容，再对提纲进行压缩，使之成为简纲（把每句话压缩为关键的几个字）。然后针对简纲，进行强化记忆，在头脑中留下长久印象。

二十二、一本笔记记多个科目效率高

关于记忆最感到头疼的事，就是表面类似而实质不同的东西。一旦碰在一起，记忆痕迹就立刻融合，而使你的记忆模糊不清，最后个个记忆互相吸收消失，这是记忆的一大特征，如此记忆就很难重现。心理学家把这种现象叫"重叠效果"，就是忘掉已经记住的东西，使记忆的印象消失。

为防止这种重叠效果的出现，就是用一本笔记簿记很多科目的笔记，例如：1—10 页写英语单词，11 — 20 页写数学公式，21—30 页写化学方程式，这都是需要死记的东西，你应该充分利用笔记本。反之你如果用很多笔记本，只要翻翻笔记本的页数，一看见写得满满的英语单词、国际音标、中文译文，就会把你吓得连连叹气。即使你能拿出毅力记住，这种记忆也会受重叠效果的压制，并且随时间而淡忘下去。很多科目写在一本笔记簿上，只是记那些需要背诵的部分，如此可避免心理饱和状态。

所谓"心理饱和状态"，就是在相同的行动中丧失意欲。注意力不能集中是主要毛病。但如果能把笔记本内容加以多种变化，就会产生新的记忆机能而引起你的读书兴趣。

第五讲　在最佳的环境中训练有意记忆

一、选择节奏慢、变化少的音乐帮助记忆

现在，喜欢一面听音乐，一面看书的孩子愈来愈多。但是，也有很多老师、父母认为以这种方式看书，不可能会集中精神学习的。然而，对音乐的利用简单地一概而论是无益的事情。音乐不但能让心情安定，还能消除无聊感或瞌睡，而且偶然间听到音乐，有时会让情绪新鲜化。虽然如此，并不是任何音乐都能提高记忆和学习的效率。

不同的音乐或广播节目对不同的科目与内容，也会产生不同的效果。那么，哪一种音乐或广播节目会阻碍学习记忆呢？

首先，要避免听歌谣或能直接听到中文歌词的音乐。若为了歌词而分心的话，集中力当然会降低，同时，也会因为所谓"记忆的逆行作用"，使得在听此歌词以前的记忆会受到抑制，连已经记忆的事项也不会完全固定在脑中。广播节目的声音也一样，人的说话声音比歌词更容易入耳，特别是使用语言思考时，会变成很大的障碍。虽然午夜的广播节目能消除孤独感，但是在学习中最好还是尽量选择话少的广播节目。

西洋流行歌曲或摇滚乐的歌词因为不容易听懂，所以不会入耳，即可以当作学习中能听的音乐吗？实则不然，因为八拍子或六拍子的曲子，特别适合年轻人的感觉，故会造成眼睛看着教科书或参考书，但脚会不知不觉的配合音乐打节拍……

如此，记忆或思考等需要安静的精神作业，就非常不容易有进展了。节奏快的曲子对单调运行的肉体，虽然会有效地发生作用，但是对认知性的思考会产生相反效果。所以在学习记忆中，应该要避免听拍子快的歌曲或节奏强的曲子。适合学习记忆的音乐是变化少、抑扬少、节奏慢的曲子。

例如：容易听懂的音乐或抒情音乐、节奏慢的爵士乐或古典音乐等。在古典音乐中，特别是巴洛克式音乐是最适合当作记忆学习的音乐。

所谓"巴洛克式音乐"，是指 16～18 世纪，由巴赫等音乐家所创作且经常在宫廷中演奏的音乐。其中有不少以一分钟 60 拍的节奏演奏的曲子，据说这种速度的节奏会让身体松弛但精神敏锐的作用，在学习中常被充分的利用，且证明有增强记忆力的效果。

即使不是巴洛克式音乐，若是古典音乐的话，也不会阻碍记忆或思考。这种对喜欢热门音乐或流行歌曲的人而言是无聊、单调的音乐，才是适合作为学习记忆的音乐。其次，从学习记忆的内容来看音乐的效果，需要充分思考的数学或中文、英语等的文章解释时，绝对要避免听中文广播节目或中文歌曲。

通常，思考时在脑中会使用各种言语，这时候，他人的言语若进入了活跃中的言语脑（左脑），思考即会混乱。但是，要记忆英语单词或历史年号时，中文广播节目等较不会带来坏影响，且在做记忆前单调的准备作业——例如制作卡片或整理记事簿等变化少的情况之下，听了轻快的电子合成音乐，也能提高效率。想要消除考试前的紧张感或不安感时，也可以听听愉快、节奏快的乐曲，在去考场的公共汽车上听随身听，让情绪高昂就是一例。

如此，巧妙选择音乐的话，一面听音乐、一面学习也能有许多正面影响。但是，这种方法是不适合"音乐迷"的，因为所播放的音乐不会变成背景音乐，而会自然倾听，所以音乐迷最好尽量不要在学习中听音乐，而是要在学习的空档中利用音乐来转换情绪。

二、选择能集中精力的颜色

在各种记忆环境的要素中，最容易被忽略的是"颜色"。墙壁占了房间的大部分，而墙壁的颜色会无意识地进入眼睛中，会对心理起强烈的作用。

色彩心理学把各种颜色分类为以下特征：红色或黄色，是会让心情高昂的颜色；橙色，会让人感觉温暖的颜色；蓝色，会让人觉得认真而坚定的颜色；灰色，会让人感到孤独或冷静的颜色；绿色则是会使人觉得心安的颜色。红色、黄色、橙色等暖色系会刺激感情，使人情绪变开朗；蓝色、灰色等冷色系则会使感情的起伏趋于稳定，能使情绪镇定。集中精力学习记忆的时候，最重要的是要让情绪紧张，所以墙壁最适合的颜色是冷色系。

当然，并不是冷色系才会提高学习的效率。例如：容易紧张的人，地毯或窗帘采用会让心情安定的绿色，是有效的；情绪向低落的时候，明亮的色彩会令人心情开朗，故在学习记忆无法进展、情绪低落时，把墙壁涂成暖色系，心情应该会改变。

虽然如此，鲜红色或橙色是不适合作为墙壁的颜色，因此，顶多是使用淡奶油色或粉红色的程度。此外，仅是改变窗帘、椅垫的颜色，或改穿其他颜色的衣服，也能转变情绪。因为要重新更换墙壁的颜色，既花钱又浪费时间，所以稍微改变衣服、文具或用具等的颜色，即能简单地使心情变愉快了。

三、什么样的灯光适合训练有意记忆

照明，也是学习、记忆环境的重要因素之一。一般认为，最适合读书或学习的亮度是 500－700 勒克斯。而每个人都有自己的最适照明度，例如：有的人不喜太亮，而有的人只要光线稍微暗一点，眼睛就会觉得疲劳等多种情形。

一般的情形，如果太亮的话，人即会失去注意力，假使太暗的话，则会增加疲劳感。晚上的学习比白天有进展，是因为日光的亮度使集中力扩散的缘故。在光线充足的房间里学习，或许有人会觉得很舒服，但是为了要集中在学习上，必须要用窗帘或百叶窗将光线遮盖到某一程度。

决定房间的照明时，使用直接照明或间接照明，对眼睛的疲劳度也会有所不同。为了避免眼睛疲劳而考虑照明设备或方式时，容易只注意照明器具的亮度。但是，若是同样照明亮度的话，不要忘了直接照明更会刺激眼睛。自光源直接照射的是直接照明；让光线在天井或墙壁上反射过来的则是间接照明。为了要提高注意力，使用台灯做集中照明，也是有效的。让房间里的光线稍微少一点，用台灯让桌上的部分明亮，这样一来注意力便会只集中在桌上，不会分散到台灯照明以外的空间。

如果房间的照明度也与台灯一样明亮的话，注意力就不会集中在学习上了，所以，要将房间的亮度稍微暗一点，使意识集中在桌上。但是，房间的照明也不可以太暗，如果与周围的亮度差异太大的话，眼睛与精神也会容易疲劳，而使集中照明变成反效果。

四、温度适宜，头冷身不冷

为了要顺利地进行学习记忆，将房间保持舒适的温度，也是很重要的。太冷或闷热，都会使记忆的效率降低。有许多人习惯了在舒服的室温中读书或学习，一旦在没有空调的地方，便不能发挥实力。一直都在有空调的环境中念书的考生，升学考试时因为太热而导致考试失败的例子，屡见不鲜。

通常，升学考试都是集中在炎热的六七月份举行，而且考场中都没有空调，所以，在平时即要培养对冷热的适应度才好。例如：在盛夏的晚上冷气开到强冷，稍晚后即会开始担心冷气太强，而不得不离开书桌去调节冷气。冬天时因开暖气之故，会觉得很想睡觉，而且室内的空气也会因为开暖气的关系变得很闷热，必须要去开启窗户，又因为空气干燥，必须要使用加湿机，经常做这些琐碎的事情的话，就不能集中于学习记忆了。假使孩子过于依赖便利的冷暖气设备，反而会受到这些设备的影响，很可能会变成学习中分心的原因，所以要特别注意。

冬天时暖气若开得太强，脑筋的反应会迟钝，特别是使用暖炉，虽然会使房间暖和起来，但是使人很想睡觉。所以，学习中即使天气再冷，最好还是不要使用空调，采取"头寒足热"的方式学习记忆，脑的运动也会活泼。

让头冷而身体不冷的方法是：

用毛毯或膝毯盖住下半身保温。这样的话，虽然室温降低，也不会感觉冷了。电毯或足温器等也是方便之物，不但不会让房间的空气恶化，还会使脚温暖。

五、房间狭小，记忆效果反而更好

在记忆环境的各种因素中，记忆空间的面积、方向等等对记忆效果也都有非常重要的影响。远离日常生活气氛浓厚的地方或常有人活动的地方，对集中学习较有效果。若住在二层楼的房子的话，二楼的房间比有厨房、浴室、洗手间、起居室等家人较常聚集的一楼更容易制造一个属于自己的空间，不会为了人声、电视的声音或浴室、洗手间的水声等分散精神。

如果住的是平房或公寓的话，不是朝马路的房间比较好，因为马路侧有窗户的话，会看到马路上的人、车，且噪声也大，集中力容易散漫。此外，远离玄关的房间，就更理想了，利用走廊角落的空间，也是一种有效的方法。若住在拥挤繁华的都市里，较不易具备以上的条件。

但是，狭小的住宅有时对集中精神更有效果。通常，人在广大的空间里，心情也会变得开朗，精神即不容易集中。但若要默默做一件事情时，是需要有密封感，所以，可以说是最适合集中精神学习记忆了。厕所，可以说是会产生密封感或感觉杂念被隔离的最好场所。厕所是不会受到任何人的干扰，且为一人用的小空间，所以，应该要尽量利用在厕所里的短短时间看书或记忆、做思考，甚至连壁橱也是适当的学习场所。

但并不是要在壁橱里看书或学习，而是要把壁橱的门打开，利用三面被围着的小空间为学习场所。孤独狭小的空间，是精神集中最合适的地方。反之，在许多人聚集之处或噪声多的地方学习，有时也会有意外的效果。

例如：在公共汽车上有人的说话声，公共汽车的引擎声与振动声，再加上乘客上下车频繁，使车内气氛经常改变，种种情形都可能是阻碍集中力的要素。但是，能不当一回事地集中于读书，努力记忆且顺利看完参考书一章节的经验，或许有很多人都有过吧！在公共汽车上，很少有与周围陌生乘客交谈的机会，而且彼此都站在没有关联的立场上，所以很少会注意其他人的动静，故集中读书、记忆或思考等需要独立的作业，在咖啡厅或公园里进行也会有意外的进展，都是相同的理由。

每位学生都想要一个能集中用功的理想环境，但是要制造适合学习记忆的环境，并不是能获得一个好的学习房间，或者神经质地去除阻碍集中力的东西就算足够了。由公共汽车的例子即可知，虽然表面上具备了会阻碍集中的恶劣条件，但是实际上也能安静地学习与记忆。因此，不但要应用在家中的学习，且为了获得安静的环境，不只是到图书馆而已，应该要再扩大学习的地方。

例如：需要使用圆规或尺等用具，要做问题集或使用计算纸的数学，就在自己的书桌上进行。需要各种资料的历史、地理，即在图书馆里学习。要记忆英语单词，可以在公共汽车上进行，或在厕所内培养汉语的读解力……如此按照学习的内容来改变学习环境。

若太习惯予某一个环境，即会生厌或失去对其他环境的适应，故在不习惯的考场中就会感到非常紧张，所以平时即在各种环境学习记忆的话，这种悲惨结果是不会发生的。

六、你知道书桌的最佳位置吗

现如今，每个孩子都有自己独立的学习房间，固然是个好环境，但为了要充分利用这个房间，使学习记忆的效率达到最高点，也必须要做一些摆设。

首先，是关于书桌的位置。大部分的人都是把书桌安置在靠墙或窗户下的位置。除了宽敞的房间以外，在一般的房间都是利用角落、靠墙或窗户的下方等地方安置书桌，是比较适当的。这种布置不但有能充分利用其他空间的表面优点，而且在心理上也是有效的方法。

咖啡厅等较里面的座位或靠墙的座位总是座无虚席的原因是，人类会很自然地在房间的里面或角落追求安定，并确实会感觉好像有种东西在支撑着自己，使精神安定。所以，把书桌放在角落靠墙，应该能安定地学习，而且书桌若面对墙壁的话，由于眼前没有会分心的东西，精神应该能更集中。但是，有的人反而因为书桌靠在墙壁而不能集中，并且多半情形自己也没有发觉不能集中的理由。这种情形的原因很可能是面对墙壁坐下，背后即变成无防卫状态而感觉不安的缘故。

一坐在书桌前，注意力即自然变散漫的人，不妨试着改变书桌的位置，也就是要背墙而坐。以前书桌放在窗户边，总是不能安定的人，假使改变书桌位置的话，应该就能解决了。如果房间很宽敞，可以把书桌放在中间，面对门口而坐。

不妨试试移动书桌的位置，是心情改变一下。有些家长好几年不曾移动家具，如此虽然能安定，但容易使孩子生厌。"生厌"是青少年学习有意记忆的大敌，所以偶尔改变书桌或书柜的位置，稍微改变看惯的房间，也会回复新鲜感。

其次，要注意的是书桌上对象的摆设，目前需要使用的东西才放在书桌上，多余的东西不要放在书桌上，是非常重要的。

这并不是说东西随意放置是不好的，但如果书桌上的东西都放得乱七八糟，就不能集中学习了，因此，不必要的东西，不要随便放在书桌上。在范围不大的书桌上放着许多的笔或空的咖啡杯、未写完的信、没看完的漫画书等，若经常都是保持这种混乱的状态，一旦需要用备忘录、笔记本或橡皮擦时，即必须为了寻找需要的东西翻动桌上堆放的各种对象，而使书桌上呈现更乱的状况，而且每次找东西时都会觉得心情急躁，如此怎么能提高学习的效率呢？

有必要的东西才要摆在书桌上，一个科目结束后，所使用的参考书或教科书都要收起来，然后才进入下一个科目中。此外，书桌上最好不要摆时钟，因为愈是觉得需要集中在作业中时，愈会关心时钟的声音与时针的动作。除了在限制时间必须解答问题外，需要慢慢学习的时候，有必要将时钟拿开。

第六讲　利用一切来帮助有意记忆

一、运用各个感官来帮助有意记忆

（一）好记性不如烂笔头

事实上当身体各部位在活动时，脑部运作也是有详图的。就是"潘菲尔德运动中枢详图"。潘菲尔德是加拿大一个著名的脑外科医师。随着脑科学的发达，虽然有些部分也渐渐被了解，然而头脑在人类的身体中，对人类而言是最陌生的领域，这是不会变的。

在以前某个时代，曾经认为脑中只有某一部分具有记忆装置的作用；然而现代最有力的说法，则认为记忆和脑中其他广大范围部分有关。另外，身体运动与脑部作用的关系非常密切的这个事实，也已被证实。手指传达到脑部的神经细胞非常多，手部或手指的运动会刺激脑部，使记忆活性化。

很早以前，据说喜欢打毛衣或做女红的老太婆，不仅长寿而且不容易痴呆。此外，钢琴家也很长命，而且据说很多人都是头脑清晰灵活的。这些说法都是有凭据的。我想大家应该都看过，有些老人拿着铁球一直在手中转来转去的样子吧！这不仅是用来做保健，同时也可以防止头脑迟钝。

因此，在想要记忆什么的时候，如果一边记一边让手也动一动的话，效果应该会更好。因为这样，头脑也会跟着运动起来。

当运用到身体某部分时，某部分的脑细胞也会跟着运动起来。那么，存在的记忆，不就跟着脑细胞的运动，一起活动起来了吗？

（二）勤用左手可增强有意记忆

我国著名的科学家钱学森、谈家帧等曾撰文指出，应该利用现代科学技术的工具和方法，利用一切潜在的人体机能，去开发人的潜力。开发大脑，充分利用大脑的功能，培养更多的创造型人才，无疑是新技术革命的一个重要对策。

中、小学生正处于成长发育时期，他们精力充沛，求知欲强，好学向上，怎样科学地开发大脑，提高思维能力，增加记忆力，开发创造力，对于个人的成才至关重要。人的大脑，从上面看呈球形，从前到后有一矢状缝隙，将大脑分成两半，位于右侧的叫大脑右半球，位于左侧的叫大脑左半球。两个半球由一种叫做胼胝体的脑组织连接着。

人的 12 对脑神经（司理视、听、嗅、表情、吞咽等功能）在脑中是交叉排列的，而且大脑右半球发出的神经支配左半身和左侧上下肢，左半球发出的神经则支配右半身和右侧上下肢。所以，习惯用右手的人，可使大脑的左半球得到锻炼，习惯用左手的人，则可使大脑右半球得到锻炼。

一般来说，大脑左半球的功能偏重于负责理性认识，例如推理、分析问题、书写、讲话、阅读等。都是由大脑左半球指挥的，所以医学上称之为"主侧半球",也叫"优势半球",或称为"理性的脑"。

而大脑右半球的功能,据医学家认为,偏重于负责感性认识,例如音乐、诗歌、戏剧。美术、空间几何图形的识别和距离感觉等,都是由大脑右半球主管的,所以医学上称之为"从属半球",或称"感性的脑"。如果是左脑功能较强的人,那么他们将来可能在科学、理论、语言、社会工作等方面更有前途,显现出聪明才智;如果是右脑功能较强的人,那么他们将来可能在艺术、体育、建筑业、医学等方面更有前途并取得成就。

然而,大脑这两个半球的分工,不是绝对的,二者有着紧密的工作联系。习惯用右手的人,如果能经常地有意识地多用左手和左脚,就能加强大脑两半球的协调,从而提高脑的功效,增强记忆力。美国心理学家劳伦斯曾经指出:"只有当大脑右半球也充分利用时,这个人才最有创造力。"

因此,他指出,要教会人们正确地使用大脑,不仅要训练左半球,也要训练右半球。这就是说,习惯用右手的人,要注意使用左手,例如:练习左手书写,经常做左半身单侧体操,日常生活中多用左手等。

(三) 五感并用增强有意记忆

人类在接收情报资讯时,到底有哪些手段呢?

首先浮现在脑中的答案,应该是读、听、看这三种方法,但是,这些手段顶多只不过占人类所拥有的接收方法的一半而已,尤其近年来可说是信息爆炸的社会。那到底要怎样才能正确、迅速地获取足够的资讯呢？事实上人类所拥有的情报装置，比我们想象的还要丰富很多。我们人类都具有五种感觉。

那就是利用视觉、听觉、嗅觉、味觉及触觉等五种感觉，接收资讯情报，并将之传达到脑部。三秒钟集中记忆术便是将这五种感觉活用到最大的限度。若是能好好活用，记忆就会变得更加强烈。例如：请从"埃及艳后"这四个字，做（想）出一个印象来。此时，如果能利用五种感觉来做出印象，则比单单只是想出一个影像来，更能获得较鲜明的记忆。

比方说，自己尝试去想想看，埃及艳后的声音到底怎样？让自己假想出一种声音来。这就是利用听觉所做出来的印象，例如：像"铃——铃"的铃铛声，或是破锣嗓子声等，假想出较具体的印象来。

也可利用香味来做假想。想象一下香水的味道，例如：靠近一个女人的身边，可能就会闻到一股馥郁动人的香味，这就是嗅觉的印象。当触摸到她的手腕时，则感到细嫩光滑的样子，这是皮肤感觉的印象。然后想象自己舔一下甜筒，有甜甜的味道，这就是味觉。

事实上，由味觉、皮肤感觉及嗅觉所得到的印象，比我们想象中来得深刻。例如日本的桃太郎这个故事，在讲到桃子时就想到那甘甘甜甜的味道，提到随着河水漂流的情景，脑子里似乎也听到了潺潺流水声。能做到这程度，则更能加深印象，膨胀到二倍、三倍之多。

此外，在与人交谈之际，若利用五种感觉所记下来的话，会更容易传达话的内容。

例如：从没看过那么让你感动的书或电影，到现在你都一直记得，这就是因为你在不知不觉中已利用到五种感觉的缘故。三秒钟集中记忆术是将五种感觉加感情（喜怒哀乐）第六感（灵感）加企图心等人类本来就有的能力，有意识地结集活用起来的记忆术。这种记忆术对你的孩子同样适用。

又如：记忆十二地支。假使要把十二个地支按照顺序记住的话，很多人会觉得很困难。但是，如果以非常有韵律感的语调，念："子丑寅卯辰巳午未申酉戌亥"，连小学生也能轻松地记住。英语单词或年号的整体押韵，大部分都是五七调或七五调的短文，也可以用这种方法记住。

总之，韵律若能专门对口与耳的感觉做诉求的话就能帮助记忆了。

二、噪声也是可以利用的

与学习没有关系的味觉或嗅觉，也能作为记忆的线索利用。不仅仅是没有关联的事项而已，甚至会阻碍学习的事物，也能帮助你增加记忆。

例如：记忆时的最大敌人——噪声或杂音。在我们周围有各种声音，诸如汽车的声音，人说话的声音，隔壁的电视声……这些声音会成为分心的原因，大部分都会阻碍需要集中精神的记忆。但是，根据一位高中生表示，他在念书时，会特别把户外的各种声音记在笔记簿中。

比如说："隔壁的狗又在叫了，已经叫四五分钟了，还在叫！"，或者写着："写英语作文时，收旧报纸的人刚好经过"。据说，刚开始他只是为了解闷才这么写的，后来，每次隔壁的狗在叫时，就会条件反射性地想起某个英语单词；且在考试时忘记某句话时，就会想起当时记忆此句话时刚好听到汽车的声音，就会从这一点想起需要的记忆了。从心理学上来说，噪声或杂音是意识的背景（称为"地"），会与意识表面的记忆事项（称为"图"）结合为一体，留在头脑中。

所以，要把隐藏在"图"部分背后的"地"能顺利成为表面化，"地"即会变成了要想起"图"的有利线索。"地"与"图"的关系，不只是在听觉而已，也能适合用在视觉上。将窗外的景色、参考书或笔记簿上的污点、或者当天衣服的颜色等，身边的景物与记忆材料一起记住的话，记忆会深刻、鲜明，即使忘记了，也能马上回想起必要的记忆。

三、查阅相关事项，增强有意记忆

我们平时查英语字典时，有些人仅看第一个意思就把字典合起来。有些人，不但看第一个意思，还看第二个、第三个。更有些人，不但看了每个意思，还看了其他用法、同义词、反义词等。

仅看第一个意思的人，以为语词只有一种含意，永远无法发觉词语会随着时间、场合的不同而变化。当我们准备记忆英语单词时，若一个词，对应一个意思，便能轻松地应付。但事实上这种情况比较少见，因此，仅以唯一的一个意思来翻译，整篇文章的意思就会完全走样。为了解文章真正的含义，不但要查出第一个意思，更要查出第二、第三乃至更多个意思。经过这一番努力，才能在脑海中浮现各式各样的意思。文字本身的共同含意，虽然用不着以语言来说明，但这个涵义，却能用我们的感觉去掌握。

尤其是英语的前置词、副词，不论在何种场合出现，我们都能更有弹性地做最恰当的翻译或说明。只有靠这种方式，才能真正学好英语，平常思考时，也可以用英语来思考。将一个英语单词翻译成中文，英语原字与中文译语之间，即使完全一致，总有些许不同，这是彼此间文化差异而造成的。运用这种方式来学外文，对了解外国的历史、文化也有益，到了这种程度，我们才可以说："我们学好了一个单词。"同时，在查一个单词时，顺便研究有关的词，更能了解单词的使用方法。

查阅相关语词，在我们查百科全书时也能适用，除了原来要查的事物外，顺便也阅读四周相关的事项，及说明中所出现的相关语词、关联事物、参考事项等。藉着参阅相关资料，我们更能深入了解所查的事项。将来要回忆时，也能由四周关联之线索，循序引出我们所要记忆及回想的事物。记忆与记忆间有机性地相互连结，记忆量便不断扩展，即使在不同时间所记忆的事物，只要彼此具有关联性，也能轻易地连结。

四、用备忘录代替有意记忆

把一星期的课程表、同学的住址、电话，都记在备忘录上，必要时拿起来看就够了，用不着将这些事一一记住。因为记忆时，即使只是短时间的记忆，也必须集中精神，神经常处于紧张状态，所以很容易疲劳。

因此，如果能以备忘录记下事情，就尽量写在备忘录上，以便储蓄更多的精神做更有用的事。但是如果遇到必须用脑筋记忆的事，则千万不能偷懒，还是要加以记忆。当你看见一项事物，在记忆之前先判断一下，这些资料有必要花时间、花精神记忆在脑海中吗？或者是写在备忘录上，有必要时再查阅就可以了。

养成有意记忆前先判断的习惯，该记忆的事物少了大半，方能更有效地记忆每件事。对于学生来说，现在每天有无数的信息需要记忆，假如不使用备忘录，面对着这么多的事物，我们会在学习生活中处处感觉困难和吃力。因此，记备忘录是十分必要的。

假如随时出现的信息，不打算以头脑来记忆，却又要随时随地保存，我们建议让你的孩子不妨随身携带备忘录和笔，一遇重要或有用的资料便记录下来。以后即使忘记了，仍可以查备忘录，就不用费心去记忆了。关于课程表，我们应该养成每天早、晚、工作开始或结束时，查阅课程表的习惯，才能预防遗漏处理重要的事项。如果功课非常多，可将功课一条一条地列在纸上，贴在容易看见的地方。

其他可以帮助记忆的，尚有一种定时器，可以配合录像机、音响等使用，也可省下不少记忆的时间。现在也有一种附闹铃装置的小电子计算机，可在预定的时间，提醒自己该办某事。写备忘录，是以书写来记忆。用手写而不用脑去记，仅以身体去记忆而已，而不用费脑筋去思考。写完后，即使把纸片丢掉也没关系，手已帮自己记住了。

第七讲　有意记忆，更要用心去记

一、用嘴去读，用心去记

　　大部分人读书时，都是以默读的方式来进行，因为一来默读的速度较快，二来默读也较不会给其他人添麻烦。然而，小说、评论之类的文章暂且不谈，辞典、英语、外语、诗、词等，阅读时最好能大声朗诵。

　　尤其在头脑不是很清楚，模模糊糊的时候，大声朗读要记的事物，能引起神经及头脑的紧张，抑制头脑飞散的思绪，注意力才能集中，头脑才能做记忆前的准备。

　　发掘特洛伊城遗迹的德国人希泊来，是一位语言学天才，他能在短短的时间内，学会了许多国家的语言，用的便是朗读的方法。他即使阅读相同的文章，也一遍遍地大声朗读，一直念到深夜。听说，希泊来数度被房东赶出门，就是为了这个原因。结果，每一种外语，他仅用了三到六个月的时间，就全学会了。

　　不过，也许因为欧洲各国的语言，都是由拉丁文衍生、发展而成的，所以才能如此迅速学得。但无论如何，能在这么短的时间内，学会这么多国的语言，也实在令人佩服。当我们要查某一个英语单词时，最好一面翻，一面发出声音念："power，power，power……"这样，很快就能找到这个单词。

因为，在字典里面，power 的旁边有许多类似拼音的单词，很容易混淆我们的注意力，有时在翻字典时，忽然看见自己关心的单词，也会分散我们的注意力，往往就忘记了自己到底要查哪个单词。

所以，在查字典时，口中不断念着要查的单词，一定能很快地找到，因为念出声来才能集中精神，经常确认自己正确与否。有些学生认为查字典太麻烦，但我们奉劝大家还是别怕麻烦，一次一次地查，渐渐的，查字典的机会就会越来越少了。

刚开始，几乎每个单词都得查字典，非常麻烦，可以说进行得非常不顺利，心里也觉得颇有挫折感，十分失望。但这时候千万不要灰心，只要经过了这段时期，自然会产生学语言的兴趣，也渐渐可以从读英语中获得一些成就感。阅读英语报纸、杂志、听英语广播或录音带，也都是培养英语能力的好方法。

这时候，如能发声朗读，效果更佳。当然在车上阅读时，若大声朗读，会给别人添麻烦，非常不便。但是，在自己家里，就完全可以毫无顾忌地大声朗读了。在朗读时，即使遇到自己不懂的单词，也可以先不管，继续读下去，以后有空再去查字典，如此，英语能力自然越来越强。

二、要学会有节奏地读书

只要是年纪大一点的人，基本都能将历史朝代正确地背出来，这是因为小时候念书时，必须背朝代表，不知不觉间，已经深印脑海，不会忘记了。

但是，若要叫这些人，不准发出声音的将各朝各代都写下来，恐怕会有一定难度吧？这是因为，想使记忆再现，必须在脑海中发出声音，借着音调的节奏来唤回记忆。

换句话说，这个朝代表，并非仅靠头脑来记忆的，乃是依其节奏，由嘴巴、声带来记忆的，因此，半途说一个片断或只取一部分，都不易想起，只有从头开始发声念出来，依照其节奏，才能唤醒记忆。

所以运用此方法时，只有集中注意力，专心朗读，并且抱定非记住不可的决心，别无其他要领或秘诀。记忆歌曲、诗词、政治、法律条文时也是如此。将要记忆的书、笔记、录音带的内容，反复发出声音多念几遍，懂了以后，不看内容，自己测试一遍，是否清楚记忆。如此一次又一次的加以练习，同时检讨自己有没有说错，可能的话，最好将自己的声音录下来，一经比较，就能轻易发现错误。

这种死背的方法，虽然费力又费时，却能记忆没有意义的事物，且不会搞错事物的顺序，故亦不失为一个记忆的好方法。有人把彩虹的七色记忆成赤橙黄绿青蓝紫，用这个方法，既可记忆颜色，又能记忆颜色的排列次序，非常方便。

三、营造良好的阅读环境

当我们面向书桌，阅读一段时间后，就会觉得疲劳、记忆力减退，而这时，我们便需要休息一会儿，让眼睛、头脑得到静养。我们的身体若长时间工作或读书，而不移动，肩膀就会变得僵硬，必须借着轻微的运动，如看漫画、听音乐等来转换气氛，这样才能以新的气氛继续下去，并且会更有效率。

为了在增强有意记忆的同时提高学习效率。气氛的营造是非常重要的。

但是，进行这些娱乐，目的是为了营造出读书的气氛，千万不要一放松就再也静不下来用功，这点必须清楚地规范自己才行，否则一开始休息，就永远没有结束的时候了。此点对能集中精神者大概不成问题，但对一般人而言，置于桌上的营造气氛的东西，像漫画书、塑胶模型等为娱乐所使用的东西，摆在桌上，心情就无法安定，正当要用功时，东西进入视野中，注意力就易分散而无法集中，精神涣散。

所以，最好用功的地方和营造气氛的处所，能够分离两处较为理想。以免用功时，会刺激到正在用功的注意力，尤其须靠死记的东西。桌上仅放记忆所需的工具，其他东西都不要放，这是为了把注意力集中在必须记忆的事物上。

有时，我们作功课作得很烦，就把小说拿出来看，越看越有趣，以致欲罢不能。故用功时，意志力务必坚强并避免这种情况的发生。其他还应注意，用功的环境、场所、墙壁、地板，都不可运用华丽或花花绿绿的颜色，宜采用稳重的颜色。

采光也要注意不可过亮或过暗，太亮或太暗都容易疲劳，日光灯长期使用对眼睛不太好，眼睛会觉得太耀眼，神经易受刺激而无法集中精神，故最好能用普通电灯。

经常整理阅读环境，是提高记忆力的要诀之一。

四、长时间记忆应休息片刻

长时间记相同的东西，就会丧失集中力，也就是注意力散漫。同理，在记忆类似的东西时，会互相压制，难以稳定住确实记忆。

马格和马克多纳尔两位心理学家，曾做过下面一项实验。首先让接受实验的人记忆一定数量的形容词，然后把他们分成六组。让A组读笑话故事，让B组死记三位数字，让C组死记毫无意义的字，让D组记和前面所学形容词毫无关系的形容词，让E组记前面形容词的反义词，让F组记和前面相同的同义词。经事后调查的结果，能使最初所学的形容词再现，也就是能想起来的，以读笑话的A组比率最高，几乎能想起一半。

各组的成绩如下：A组：45%，B组37%，C组：26%，D组22%，E组18%，F组12%。由这项实验可以明白，连续记类似的东西，记忆的效果并不好。

A组的成绩所以会好，是因为笑话可以解除记忆的紧张，是稳定记忆的特效药。这种方法如能运用到功课量多的科目上，像历史、地理等方面，能发挥更大的效果。

五、选择适当的书加以精读

读书究竟应该精读或博览，见仁见智。我们的建议是：小说可以博览，研究专门书籍、参考书，则非精读不可。想对某一种有兴趣的事物进行研究，到书店一看，陈列的书那么多，到底那一种最适合自己，选择着实不易。

遇到这种情况，可以请教这方面的老师，因为他们对自己擅长的领域内的书本，大体上都已看过，对书的好坏，只略为翻阅，便可一目了然。若是必须靠自己来选择时，尽量到种类繁多的大书店购买，到陈列自己所要找的书籍书架上，一本一本地阅读目录、序文、作者的简介，以便判断是否适合自己阅读。

同时，版权页也应过目，以便了解发行年月日、第几版等，就可以知道这本书有无新的内容，是否长期受读者的支持。然后，再将内文略为浏览，以了解字体大小、文章的体裁及遣词用字的难易等。如果用词太晦涩或是文言文，读一两行，觉得难以理解就不要买。同时，书中是否使用相片、图表、插图，是否对理解书的内容有帮助，这些都是必须考虑的因素。当然，即使文章浅显易懂，假如文章本身的内容程度相当深，已超过自己的理解力的范围，那也是不适的。同学用的参考书，也可拿来过目，虽然同学用的参考书和自己的参考书有些区别，但内容却大致相同，说不定同学用的参考书更浅显，又有体系，对理解、记忆更有好处。像这样，买了好几本书回来，从这些书中挑出一本最适合自己的，一次又一次反复阅读。

集中火力专攻一本书的理由是：重复阅读类似的东西可避免精神分散，浪费不必要的精力及体力。近年来，书店的书实在太多了，琳琅满目，宛如洪水泛滥成灾，在这种环境下，好书很可能被埋没在其他许多没有价值的书籍中。这时候，更要养成将好书反复阅读的习惯，才能够体会出着书者的含意。

仔细反复阅读一本书，才能对一本书产生依依不舍的心情，对全书的内容也才能融会贯通，便于记忆。以后，再把别的书大略地过目一遍，便能轻易地吸收必要的资讯，变成自己的知识。

六、读书笔记帮助有意记忆

对自己的学习、嗜好，因感觉有需要而阅读相关的书籍，如果漫不经心地浏览，随着时间的流逝，记忆将会逐渐模糊，甚至偏差很大。因此，如有明确的目的而读书时，就应配合需要而用功。大体上，每本书，如以稿纸来写，大约有三百张左右，但重要的部分决不会有这么多，所以，我们可以找出书中重要的部分，用书签、书绳做记号。

但若重要的部分太多，书签、书绳的使用最好是以不影响翻页的程度为佳。同时，阅读时，手拿笔，看到有益处、有意思、有疑问的地方，可以先做记号。另外，在空白处写下感想、联想，更能加深理解，记忆亦更鲜明。有的学生在准备考试时，用黄色或彩色的荧光笔画线，也有助于记忆。

没有笔时，把页的一角折一下也可以，如果不愿意弄脏书，那只有将重要的页数，写在封皮内页或其他的小纸片上，注明第几页第几行。据说，评论家竹村健一，把一本书读完，就把要旨或自己觉得有意思的地方，写在刊头，需要时，由刊头就可从部分联想到全体，一目了然。这是"用手拿书"就能唤起记忆的方法。以前，看书时能保持书的清洁，被视为一种美德，这是因为书籍以前没有今天那么普遍，故希望书籍能好好保存，立意不错。但今日不比从前，况且书要在人读了以后，能加以活用，才有益处。

　　所以，我们应该鼓励孩子把书籍视为消费品，尽量利用：划线，写眉批，对于页数很多的书，也不妨把书分解开来，平常只要携带要看的那一部分就可以了。

　　为了需要而阅读，并专研一本书直到融会贯通，再旁征博引，浏览其他书籍，这个办法确实非常有效，可以让你的孩子试一试。

第八讲　把握有意记忆的规律

一、课堂上要"追老师"

一次国际心理学会议正在举行的时候，突然从外面冲进一个村夫，后面追着一个手中挥舞着手枪的黑人。两人在会场中追逐着，突然"砰"的一声枪响，两人又一起冲出门去。事情发生的时间前后不过 20 秒钟。在与会者惊慌情绪尚未平息之时，会议主席笑嘻嘻地请所有与会者写下他们目击的经过。原来这是一位心理学教授请求做的实验。

结果，在上交的 40 篇报告中，没有一个人的记载是完全正确的。有 20% － 40% 错误的 14 篇，有 40% － 50% 错误的 12 篇，有 50% 以上错误的 13 篇，只有一篇错误少于 20%。而细节出入更大。虽然每个人都注意到两个人之中有一个是黑人，然而 40 人中只有 4 人的报告说黑人是光头，符合事实。

其余有的说他戴了一顶便帽，有些甚至说他戴了一顶高帽子。关于他的衣服，虽然大多数都说他穿一件短衣，但有人说是有条纹的。

而事实上，他穿的是一条白裤子，一件黑短衫，系一条大而红的领带。这40位心理学家，都是国际上有名的，可是为什么会出现这么多的差错呢？

无疑，只因为他们处在紧张之中，没有把注意力集中到两个追逐者身上而已。这个例子说明集中注意力的重要性，就是最有学问的人，如果注意力不集中，也会出现错误。

由此，对学生来说，如果上课注意力不集中，那么，他学不到教师所讲授的知识，也就在意料之中了。所以，作为一个学生，或者作为一个家长，怎样使自己或孩子在上课时集中注意力，专心听课，是十分重要的事。

那么，怎样才能使孩子上课注意力集中呢？

第一，要使孩子充分认识上课认真听讲的重要性。有一位考取清华大学的朱晓毅同学，曾经这样说过："有的同学有一种不太好的认识，认为上课听讲并不重要，不就是那点玩意儿吗，书上不是写得清清楚楚、仔仔细细吗？利用老师上课的时间做几道练习题说不定更有收获。这样的说法和做法是大大有害的。"

接着他举出了上课认真听讲的5点好处：

（1）课本上的知识有重点也有难点，有时候重点就是难点，可有时候难点并不一定就是重点。虽然课本对每一个知识点都有详细的说明，但自己看的时候并不能很好地把握其中的分寸。通过上课，老师会在课堂上一一加以指出，使你在学习上少走弯路，使自己少花力气而多学知识。

（2）有的同学对一些知识点没能从正确的角度加以理解，甚至将知识点理解错了，对于这种情况，老师有充分的教学经验，在一些同学容易理解错的地方有意识地深入讲解，帮助同学全面理解课本的内容。

（3）上课认真听讲，还可以解开自己心中的疑问。有时从课本中或是参考书里看到的知识点自己心中不清楚，上课时注意老师讲解相关知识的部分，也许自己就可以理解了。如果老师的讲解还不能使自己解开心中的疑团，那么下课后就可及时向老师请教，这样所学到的知识就能有深刻的印象。

（4）注意听讲可以使自己的思路跟着老师的思路进行思考，这样就可以找出自己思路受阻的原因。解决这种思路上的问题就相当于解决了许多相关的问题一样，吸取其中的经验，下次看到类似不懂的地方就和这次的问题比较一下，试着运用从老师那里学来的分析方法，往往就可以使思路顺畅。

（5）上课听讲时还可以检验自己预习时对于知识的理解是否正确，是否真正理解了知识点的主旨所在。

最后，朱晓毅同学说："通过上课认真听讲，我的整个知识结构更加趋于完整、趋于系统，老师讲课的内容就好像是一条主线或是一个十分清晰的框架，我在课余时间所要做的只是熟悉知识结构、丰富知识结构就可以了。通过上课认真听讲，消耗的时间不多，但取得的效果却是很大的。"

朱晓毅同学不愧是高考状元，他对认真听课好处的5点总结以及最后的体会是十分深刻的，极富有普遍意义的。我们平时所说的上学，就是到学校教室里去听老师讲课，课堂教学是教学的重要阵地，现在有些学生忽视这个主要阵地，那怎么能获得知识呢？所以，上课不认真听课的想法是完全错误的。

第二，注意听课方法。上课认真听课的方法是很多的，能使孩子集中注意力听课的方法有一种叫"追老师"的方法特别管用。这种方法是少年大学生郭震同学所使用的。他说："珠子穿成串，才能更好看。"

学知识，也是这样。课堂上，老师讲课是一环扣一环的。有一环理解不好，课后就是花双倍的时间，也很难补上。长此下去，就会越来越落后了。所以我要求自己做到：思路跟着老师转。简单地说，就叫'追老师'。"有一次上课，同桌同学跟我逗着玩，抢走了我的钢笔，还扭我的手臂，我可真火了；正想回击，突然想起，不能打断思路。

于是我尽量忍耐住，没耽误听讲，也没有影响别人。"由于课堂上听得好，做作业很省力，我就有了很多时间自学。从初二开始，我自学高中的数学课程，提前考入了大学。"郭震这种"追老师"的办法，还是很管用的，同学们可以试一试。

二、从薄到厚，再从厚到薄

著名数学家华罗庚总结归纳出一种很有效的读书记忆方法速提高记忆力有窍门，叫做"厚薄互变法"。

他说：做学问要打好基础。对一些基础的东西，要学得深透，就要经过"从薄到厚"，"从厚到薄"这两个过程。学一本书，经过斟字酌句，不懂的环节加注解，就会觉得学了许多东西，书就变得更厚了。这就是"由薄到厚"的过程。这是一个学习、接受的过程。

如清代著名学者顾炎武就认为"越读越厚不嫌多"，才会有所收获。当他读《资治通鉴》时，边读边抄边批注，书就"越读越厚"

了。书变厚了，就要把学到的东西咀嚼消化，组织整理，反复推敲，融会贯通，提炼出关键性的问题，把握来龙去脉，抓住基本要点，这时书就"由厚变薄"了。这就是"由厚到薄"的过程。

这个过程是消化、提炼的过程。经过这个过程，基础才算是真正巩固了。

爱因斯坦说："在所阅读的书本中找出可以把自己引到深处的东西，并把其他的一切统统抛掉，就是抛掉使头脑负担过重和会把自己诱离到不良之处的一切。"他讲的就是"由厚到薄"的过程。

华罗庚在讲到这一读书方法时，特别强调两点：

（1）"从厚到薄"的阶段必须依赖于前一个"由薄到厚"的阶段，这是不能逾越的，但第二阶段却可以补第一阶段的不足。

（2）不但二条定律（或定理）应该如此深刻思考，就是整个章节，一本书，都是应当进行解剖工作的，经过解剖，就会发现其中的中心环节不太多，了解和记忆起来并不太难。这也就是说，"由薄到厚"是基础，由"由厚到薄"是解剖，是深化。那么，究竟应该怎样才能做到"由薄变厚"再"由厚变薄"呢？

老作家碧野曾谈到他的读书经验："读书的方法，一般说，首先'粗读'，了解书中梗概和中心内容；然后是'细读'，细嚼慢咽，在精彩处划下记号；最后'精读'，专心把精彩的部分再三琢磨，消化成自己的血液。"

碧野读书的三部曲：粗读——细读——精读。其中粗读、细读，就是由薄到厚的过程。精读就是由厚到薄的过程。什么是粗读、细读？就是在书中找出疑点、难点。精读就是吸取书中的精华。精华抓住了，真正要记忆的东西就不多了，书也就由厚转薄了。

三、对自己说"再说一次"

看书时，你该在脑海中想象自己在念书中的内容给另一人听。为什么？我们已经说过很多次，自己才是自己最关切的主题。我们总是比较注意自己所说的，而不是其他人可能会说的话。一旦我们想象自己正在看的内容，就会因为我们身在图像中，而让这个过程与内容值得记忆。

各种情绪也可以加进图像中，当担任与我们下意识沟通管道的情绪促使那些较深入的思考过程持续下去时，我们的记忆力就会被带动。有另一个理由可以说明何以此技巧很有作用。你的下意识专注与想象的目标一次只有一件事，换句话说，即它不可能同时两用。看书时，你想象自己在讲这些话，就是逼自己坚持保持原样，不会迷惘或做白日梦。你在运用记忆力来锁定这个讯息，因为运用记忆的过程来提高阅读能力，要比一般阅读还能够获取更多的资料。

你现在就可以练习这一技巧，在脑海中想象一个人做你的听众；想象自己的姿态，你的听众则面对着你。告诉他："我现在就要你练习这一技巧。"现在就做。你觉得如何？大部分人都说，起初有点难，因为在他们的脑海中，他们得专注于正在说的话。那正是重点，专心代表专注，后者意味着运用记忆力。

与本书其他技巧一样，起初这一技巧也会使你的阅读速度变慢，但只要习惯它，你就会运用自如。下面有另一个变通方式，如果你不懂得自己在看些什么，怎么办？所接触的字与概念，你都不了解，在这种情况下，通常你会怎么做？设法重看内容一两次？翻字典查这些字？你会挣扎多久才放弃努力？

假如你面对的是自己不了解的事，你就不只要想象自己是老师，也是学生。既然是学生，就要问自己一个问题：你说那句话是什么意思？那个字有何含义？你可否再次解释一下？你懂了吗？如果你忽略看不懂的东西，你的记忆力自然也就无从发挥。

倘若你继续往下看，你仍没有记忆，因为从一定的标准来说，你依旧想着你不懂的内容。就好比你正对自己说："等一下，那是什么意思？我不了解，我看不懂，不看了！"设法了解看过的字或句子，再连上你正在看的内容，实在包含太大压力。

所以切记：一心不可同时二用。利用以下方式作为你的优势。比如说，假使你看见有个字不懂，就请你在脑海中问自己一个问题："那个字是什么意思？"倘若你想不出，就在你心中说："我们去找本字典查查。"并去翻字典查出那个字，向你想象的学生说明，那将促使你投入而专注。就是要做件额外的小事，它才会使你熟悉你在看或学的东西。想象自己是学生时，你也可以要求自己重述某件事。

例如：你在看书时，碰到一个句子不懂，不妨问自己："可否请你重述它？""你究竟在说什么？"采取这种做法，你将会很诧异，因为不久前还弄不懂意思的句子，突然间豁然开朗。当然，这事会发生仍然是因为潜意识的力量；在想象自己问这些事时，你就可以达到那些较深入的思考标准。在脑海中"再说一次"是最有力的工具之一，你可以用它来锁定记忆。

一旦你重述，它就会促使你的下意识进入寻找阶段，很快地浏览所有资料，找出原因。重述将会让你再度创造内容，无限增加你的回忆能力。

四、抓住事物的规律进行有意记忆

世间的任何事物或物质，从微观世界到宏观世界都是有规律可循的。规律记忆法就是要我们找出事物之间的联系和规律，从而有助于记忆效果。

我们的汉字结构比较复杂，偏旁有时表义，有时表音，往往韵母不同写法也不同，掌握了规律，就不容易写错了。掌握事物的规律要善于分析。如在学习秦朝、隋朝断代史时，只要注意发现这两个朝代相似的兴衰规律；在学习当代文学史时，努力发现它与当代革命史同步运行的规律，就可获得较好的记忆。

掌握事物的规律要善于总结。在识记活动中，我们要做有心人，不能对各种事物熟视无睹。要注意从司空见惯的事物中提炼出事物的发展规律。

比如：三角函数有 54 个诱导公式，但这些公式所表达的三角函数的关系却存在一个共同的规律。抓住这个规律，便可以总结出"奇变偶不变，符号看象限"两句口诀。只要记住这 10 个字，就可以推导出全部的诱导公式了。掌握事物的规律还要善于理解，弄清事物各部分之间的关系，做到这一点，记忆的难题便可迎刃而解。

第九讲　各门学科的有意记忆法

一、模拟经历记忆历史事件和历史年代

在学习历史中有许多历史事件与年代需要记忆，这是几乎所有人都一致认为最困难的事情，下面向读者介绍一种这方面记忆方法。

（一）历史事件记忆法

在学习历史中，比较难记的往往是历史年代、历史人物以及每个朝代的大事等。我们的历史上下五千年，历史人物、事件浩如烟海，难怪许多学生为此叹息。但是，只要我们回忆一下，在我们的一生中不是也有许多事情发生吗？虽然有些忘了，但大都是还记得，尤其是只要我们有意识地回忆。人生各个时期发生的一些大事，可能就会终生忘不了，为什么自己经历的事总是忘不了，而历史的年代、大事又记不住呢？这主要是自己经历的事对自己有影响。

因此，要记住历史大事和年代，我们也不妨把自己摆进去。模拟经历法，就针对某一历史事件，想象你自己是一个当事人，比如你是一个起义者，或是一个科学家、帝王。

例如：在学习明末农民战争一节时，你可以想象自己就是李自

成，再想想你为什么起义，起义的经过怎样，像李白成一样去"做"（在想象中做），这样无形中你就掌握了这一节的知识。

（二）历史年代记忆法

学历史有许多历史年代需要记忆，怎样记忆呢？

1．特征记忆法

先把你熟悉的能准确记住的历史年代除去，然后找出有特征的年代来记忆。如努尔哈赤建立后金是 1616 年，这个年代很有特征，两个 16 很容易记住。再如：我国历史上有些朝代冠以东、西或南、北。有东、西的，往往西在前，东在后（像西周、东周、西汉、东汉等）；有南、北的，往往北在前、南在后（北宋、南宋）。搞清这一特点，再记年代就不至于混淆。

2．推算记忆法

运用所学的知识进行推导。如鸦片战争是在 1840 年爆发的，黄巾起义比它少一个"0"，即 184 年爆发。中法战争在 1884 年爆发，10 年后的 1894 年便爆发了中日甲午战争。

3．多次反复记忆法

把历史事件与发生的年代写在小本子上，利用零星的时间反复读记。

4．联系记忆法

对于整个历史年代表，就必须用联系记忆法了。此法可以先把你要记的历史年代，与你最熟悉的人相联系，把那个人就想象成一个历史年代。为了能达到最好的记忆目的，这种想法最好能有一点奇妙的联想，并加强趣味性。

例如：你要记忆"唐朝建立，隋朝灭亡"的年代，你就找一个你的姓唐的好朋友，想象他 618 年打败了一个姓隋敌手，建立了唐朝。又如你要记忆文成公主入藏的年代，你就想象你的某女同学 641 年结婚。用来与年代联系的人，最好是你常见的人，这样一见到他，你就想到了历史年代，记忆效果很好。

那么与多少人联系为好呢？最多不要超过 40 个，而且每天最好与四五个人联系。如果你是个学生，最好以你班上的同学相联系，这样效果更佳。如果你与某人联系的历史年代能熟练地记忆了，那么，由此类推可再与他联系第二个或第三个年代。

例如：1840 年是我国近代史的开端，比它早 200 年的 1640 年，则是世界近代史的开端。再如：公元前 476 年是我国奴隶制社会结束的年代，而公元 476 年则是欧洲奴隶制结束的年代。

二、世界地理记忆法

世界地理的学习是初中地理学习的一部分，它的内容主要以七个大洲的地理概况及洲内各个分区（以某几个主要国家为代表）的地理为主。它的学习内容是比较多的。

有些同学认为要掌握这么多的内容，实在是不太容易，其实不然，这是他们没有好的学习方法，如果学会一些科学的学习方法，即使学习的内容多一些也没什么关系。列表比较法就是一种简单易行而又非常有效的学习地理的方法。列表比较法就是把两个或几个地区的地理特征列成表进行比较的方法，以便更好地记忆。

中国地图我国省级行政单位现有 23 个省、5 个自治区、4 个直辖市和 2 个特别行政区。学地理的人往往要记忆这些省、市、自治区的相互关系，怎样记忆呢？这里介绍一种四边形记忆法。连接西宁，包头，长沙和合肥，这样就成了一个四边形。

每个顶点周围的邻省由下面四句口诀记忆：

"海有甘新藏四四条舟，湖有赣鄂贵桂又广州。

包冀辽吉还有宁陕晋，合围苏鲁豫加上鄂赣浙。"

其中海、湖、包、合分别代表青海省，湖南省，包头（内蒙），合肥（安徽）。口诀中的每个省的邻省的顺序是从正东起始，按逆时针方向旋转。

例如"合围苏鲁豫加上鄂赣浙"一句意思就是，江苏在安徽的正东，按逆时针方向分别是上、鲁、豫、鄂、赣、浙六省。

再如：作四边形的两条中线，交点的陕西省，再记忆下面两句口诀：中线交在陕西省，豫晋蒙宁甘川鄂天津、北京、上海的位置，由这两句口诀记忆：浙苏顶出上海、河北抱着京津除记住此 8 句口诀之外，再记住此口诀中没有的重庆、云南、黑龙江、福建、海南、台湾和香港、澳门特别行政区的位置，那么，整个中国的行政区域的位置关系就很清楚。

当然读者还不能通过只靠口诀就能一次性准确地记住中国的整个行政区域，还必须按照口诀的说法，自己默画出地图来，然后再与标准中国地图比较，不断改正错误，很快读者就能掌握了。

三、巧记英语单词

如果你想学好英语，首先应该掌握最常用的 1000 个基本单词。

可怎样才算常用单词呢？你不妨去找初级课本来阅读，碰到新的单词，就集中注意力去观察、比较、理解，而且尽可能地反复练习，切不要急于求成。

如果你想要更深入一步的话，还应该多搜集几种不同编法的初级课本来作辅助学习，通过反复的练习，增进对词汇的感性认识，加强记忆，使它们一个个在你的脑海中生根。在学习计划和进度的安排上，讲究实效，稳扎稳打，学一个记一个，学一打记一打，贪多冒进只会适得其反。

在选择内容时，应尽可能选择合乎你的趣味、与你的工作业务有关的课本，那么你读书的时候，就有寻幽探胜的好奇心，弄懂了、记住了、写出了或讲出了一定内容，你会感到怡然自得的满足，获得精神上的享受，从而提高学习的兴趣和信心。要认真地记忆，还必须深入细致地对单词进行观察，进行词的研究，分析各种词意的联系和各种不同用法，进行拼、读、写，运用多种感觉，尽可能地作同义、反义、同音等的联想，实行视觉化，训练辨形识义的经验。

此外，背诵也是必不可少的。阅读是很重要的基本训练。刚开始读得慢一点，然后把已经了解了的地方，一个意群一个意群地快读，并逐步养成在读的时候浮现出概念的办法。就是说对于已经掌握了意义并能快读的地方，训练一下不通过中译文而领会句子意义的能力，如果这一步能解决得好，以后读外文就完全不用把它转为中文再转为概念的间接手段了。阅读还有个好处，就是便于单词意义的再生。因为当你在其他地方碰到它时，就可以在你阅读课文的整体或整句的意义联想中，把它再现出来。

阅读千万不可完全依赖录音带。录音带只能用于协助训练听觉、复习和给你标准的读音、声调、语气等。它不能代替你的口，更不能代替你完成脑子中一系列形象创造的活动程序。你最好还是先自己下功夫，理解和读顺了，再去听录音带。阅读决不可忽视朗读，对于初学者打基础的时候，尤其要尽量地读出声来。

英国某大学教授做过实验，证明发声朗读比默读的记忆率大34%。背景的联想不可掉以轻心。

某个单词，假如是初学的，它的发音和拼写都记住了，可就是记不起它的含义来，这是常遇到的事。这时候，你先回想一下初见到这个单词的整体状况，回想其他和它一道出现的单词，回想这个单词在整个句子中的地位和作用，也许你就捕捉到这个单词的意义了。

对于一个单词，必须把它看为包容它的整段文字或整个句子的一个内容，并联想文章所包含的其他单词的意义。如果联想得充分，对新单词就记得牢。联想时，可能想对，也可能想错。有时，也会想出相似的词，因而起了引导作用。

比如："traffic" 的准确意义想不起来，但也许想出 "train"、"car" 之类单词，就可以引导出互通的意义来。

为了把词汇牢记心中，"过度学习"也是十分必要的，反复学习运用，通过派生、对比、类比的联想作用的分析研究，才能在使用起来时，像念乘法九九表或拨熟悉的电话号码一样自如。

下面再介绍一些英语单词趣味记忆法。它们通俗易懂，生动有趣，能给人的大脑以特殊的刺激，产生出格的联想，使读者在享受盎然趣味的同时记住单词的音形义。

所以，从记忆术的角度来看，这些寓教于乐的方法，仍不失为科学的方法。

（一）利用通俗词源记忆单词

词源学家在书房里探讨词源，其他人也根据自己的需要或理解对某些单词的来源进行解释。这种缺乏词源学根据的所谓"通俗词源"往往比词典上的解释，更容易为人们所理解，因而也流传得更广。

如：有人说，welcome（欢迎）的意思来自 well 和 come——"来得好"。这种说法虽不精确，却很通俗浅明。

（二）利用幽默语言记忆单词

英语里有些幽默的对话是利用同形异义词编成的，里面包含着耐人寻味的双关语，可以帮助我们记忆一词多义的单词。

这里有一段父子之间的对话，儿子向父亲请教生财之道。

——what is the surest way to double ones money?

（使钱翻一番的最可靠的方法是什么？）

——Fold it.

（把它对折一下。）

儿子问话中的 double 意为"使……加倍"，而父亲故意将这个多义词理解为"使……成双重"，用幽默的答语暗示儿子：世界上并无既轻松又保险的生财之道。

（三）利用笑话材料记忆单词

英语里有些笑话是利用某些单词的音、形、义的特点编成的。

听了这类笑话，我们就不难记住有关的单词。

如：某先生出国返家时为太太献上一条高级裙子。

太太喜问其长度，先生随口答曰："A little above two feet" 太太听罢，脸上鲜红，心想："两英尺多一点！那不就是迷你裙吗？"

可打开一看又一比，远远不止两英尺，而是长可及脚面。太太此时恍然大悟：原来丈夫所言 "twofeet" 不是 "两英尺"，而是 "两脚"；丈夫所买的裙子长度 "略高于双脚"，并无赶时髦之嫌也。

（四）利用奇问巧答记忆单词

英语中有许多设计奇巧的问速提高记忆力有窍门答。其特点是问题问得很怪，使人一下摸不着头脑，可是一看巧妙的答案，你不由恍然大悟，拍案叫绝。

这类问题有的是利用英语多义词或同音词的特点编出来的，可以使我们牢牢记住这些单词。

如：——which word has the most letters in it?

（哪个单词的字母最多呢？）

——Mailbox.

（信箱。）

这不是答错了吧？不！信箱里不是有很多 letter（信）吗？原来答句故意把问句中的 letter（字母）这个单词理解成 "信"，他的答案也就正确了。

（五）利用趣言妙语记忆单词

这里指那些初看起来似乎不通，仔细琢磨才知个中妙处的句子。

趣言妙语往往借助于一词多义的单词。

如：一个人叙述他梦中所见时，讲了这样一句话：I saw a saw.

这里，第一个 saw 是 see（见）的过去式，第三个 saw 是不带 to 的不定式 saw（锯），其他两个洲是名词"锯子"。所以这句话的意思是：我看见一把锯子锯另一把锯子。

（六）利用谜语游戏记忆单词

英语里有许多谜语游戏是利用某些单词的音、形、义的特点来编写的。此类寓知识于游戏之中的材料，亦可用来帮助记忆单词，在词汇教学中若能适当穿插这样的材料，将有助于活跃课堂的气氛，刺激学生的兴趣。

如："哪五个字母的单词丢掉后头的四个字母后读音依然不变？"谜底是单词 queue（长队，辫子），它读，与首字母 q 同音。

（七）利用颠倒词记忆单词

英语中有些单词，把其字母顺序颠倒拼写，就成为另一个单词。这些有趣的单词，特别容易记忆。

如：ah（啊）ha（哈）

are（是）——em（时代）

but（但是）——tub（浴盆）

（八）利用汉语译名谐音记忆单词

我们反对用汉字注音的方法来代替英语语音的学习，因为那是有害无益的。但是，在学好语音的前提下，不妨利用汉字译名的谐音来记忆某些单词的音和义。

如：coffee（咖啡）sofa（沙发）等等。

（九）利用绕口令记忆单词

绕口令主要是练习语音用的，里面往往有许多近音词，所以可以用来帮助我们记忆某些近音词。

如：She sells seashell at the seaside.（她在海边卖海贝。）这个绕口令至少可以帮助我们记住 sell（卖）和 shell（贝壳）这一对近音词。

（十）利用缩写形式记忆单词

汉语中常有简称形式，如"四化"、"人大"、"少先队"等。记住这些简称，很容易写出它们的全称。

英语中也有各种缩写方式，我们也可以利用它们来帮助记忆有关单词和词组的形与义。最常见的是首字母缩写词。它是由一个固定词组的主要单词的第一个字母组成的。记住这些字母，就容易联想出来相应的单词及其顺序。

如：CP——the Communist Party（共产党）

UN——the Union Nations（联合国）等等。

（十一）利用拟声词记忆单词

拟声词，指那些摹拟事物或动作的声音而造出的词。拟声造词是人类最简单、最原始的造词方法。汉语中的拟声词，音义相连，绘声绘色，既增添了语言效果，又浅显易懂，好认好记。

如：clickklik n. 卡嗒声

dripdrip v. 漏下，（使）滴下等等。

（十二）利用声音象征词记忆单词

有的人对英语字母的发音进行了研究，认为某些辅音字母和辅音字母连缀有拟声的作用，并与单词的词义有一定的联系。这种含有拟声作用的字母的单词被称为"声音象征词"。如：字母前缀 f 能表示"流动，滑动"的意思。

例如：flow（流动），flood（洪水），float（漂浮），fly（飞），fight（飞行），fell（逃走），flash（闪光），flutter（漂浮；飞舞）等。

（十三）利用字母同音词记忆单词

英语中有些和字母同音的读音特殊的单词，利用它们与某个字母同音的特点，可以把它们的读音记得很牢。下面列出一些和字母同音的单词，括号里大写字母，就是该单词的读音。

如：be（B）v. 是 eye（I）n. 眼睛

（十四）利用图表法记忆单词

图表法是直观教学的重要手段之一。在英语学习中，可以利用图表来帮助记忆某些单词的词义。这方法如果运用得当，可以收到其他方法难以比拟的效果。这里介绍一种利用简图表达词的含义的记忆法。这种方法在记忆介词的意义时，最为有效。

（十五）利用原文词典记忆单词

用原文词典学习外语，起初会辛苦些，但习惯了之后，每当查到外文单词或句子的时候，大脑中就会自然地浮现出与其相似的词（同义词、反义词等）及可变换的句子来。逐渐地就会从必然王国向自由王国过渡。

如：当碰到"she is wonderful."的英语句子时，如用英汉词典查找 wonderful 这个词时，你会查出"奇妙"、"很棒"、"不可思议"等等许多意思来，而当你要说"那是不可思议"时，你也只能想出"she is wonderful."这样的句子而已。

但是，如果你所用的是英语辞典，查 wonderful 时，它就会有 marvelous remarkable 以及 fabulous 的说明，这就可以扩大你学习英语的领域。

所以，你如果能够舍弃英汉词典，改用英语辞典的话，你就能造出生动的 It's fabulous 句子来，并能抛开本国语，真正做到用原文去理解原文。

（十六）利用说汉语夹杂外语记忆单词

讲汉语时适当插入单词或短语，是记忆外文单词的有效方法。

例如：有人问："这是哪国的 production？"回答说："这里写作 Made in China。"

四、用联想记忆化学

无机化学中，除了学习了化学中的一般概念、定律外，重点学习的就是元素的周期律，各主、副族元素的化学性质，以及各种重要酸、碱、盐的性质。无机化学看上去是个杂乱无章的，令人不知如何学习才好的课程。

其实无机化学是很有特点的，我们能够通过运用适合的记忆方法来快速、准确地记忆，从而提高我们学习的效率。这里向读者介绍一种无机化学系统记忆法。无机化学虽然涉及许多方面，但是，总是离不开各种元素以及各元素的化合物，而元素周期表正是所有已经发现元素的集合。这就使我们想到如果我们以元素为联想物，利用人们的记忆流畅性能力，就能够很快地学好无机化学。

一句话，无机化学的系统记忆法，就是以元素周期表为联想物，联想与每个元素有关的事物。

不难看出，要想应用这种方法，元素周期表是必须能熟练背诵的，如果读者目前还不能熟练背诵，那么赶快把周期表记熟。这里有一点要注意，就是本记忆方法不是教读者死记硬背，而是自我启发式的记忆。与各元素有关的事宜，读者千万不可写下来，然后去死记硬背，而应该用联想回忆，如回忆不出来，再找资料。记忆方法的步骤如下。

1. 自我提醒

"该学习无机化学了。要集中注意力，平心静气。"为了能全神贯注，学习条件一定要安静，读者可躺在床上，或伏在桌子上，为免受干扰可闭上眼睛。

2. 把元素周期表从头到尾背一遍，然后按各主、副族背一遍

3. 然后联想各个元素有关的事宜

可包括元素符号、质子数、核外电子排布规律、各元素的化学、

物理性质，有哪些重要方程式以及其主要化合物的性质。还可以连带着回忆百分比浓度的计算，方程配平，酸、碱性检验等。

4. 在每个元素联想完后，再联想为各主、副族中各元素的相同与不同

这里有几点说明一下：

第一，为了能形成一个习惯，最好读者能在每天的同一时间进行联想；

第二，如果是个初学化学的人，那你能联想多少，就联想多少；

第三，刚应用本方法时，读者可能不习惯，只要按以上方法练上 11 个星期，你就会感到有进展了。

经过一段时间的训练，整个无机化学就会全在你的脑袋中了，考试时，需要什么，什么就会像放电影一样从你大脑中放映出来。这种记忆法，既符合教育心理学原理，又符合记忆规律。

因为有意记忆规律要求人在记忆时要正确应用联想和尝试回忆，而教育心理学则强调自我学习，因此采用这种化学记忆法，能快速、完整掌握知识，提高学习效果。

五、把较长文章编成提纲记忆

我国著名心理学家曹日昌教授曾经说过："经过了自己的分析，用自己的语言作过提纲的材料，是比较容易记忆的。"他所说的记忆方法就叫做提纲记忆法。

提纲记忆法是专门记忆那些篇幅较长、内容较多的文章的有意记忆方法。比如记历史知识，如记北魏孝文帝的改革，可把这一历

史事件编成如下提纲:

（一）背景：

1. 出现了——民族大融合的趋势

2. 改变了——游牧生活方式

3. 加强了——各民族的联系

（二）内容：

1. 政治上——采用汉族统治的政治制度

2. 经济上——颁布了均田令

3. 文化上——推行汉化政策

（三）作用：

1. 促进了——北方经济的恢复和发展

2. 加速了——封建化过程

3. 促进了——民族大融合

这个提纲把孝文帝改革的历史事件的基本情况，精炼而概括地表达出来，使人一目了然。

训练有意记忆的N个法则

的

上

XUNLIAN
YOUYIJIYIDE N GEFAZE

王露◎编著

中国出版集团
现代出版社

图书在版编目(CIP)数据

训练有意记忆的 N 个法则(上) / 王露编著. —北京：现代出版社，2014.1

ISBN 978-7-5143-2104-3

Ⅰ. ①训⋯　Ⅱ. ①王⋯　Ⅲ. ①记忆术 - 青年读物 ②记忆术 - 少年读物　Ⅳ. ①B842.3 - 49

中国版本图书馆 CIP 数据核字(2014)第 008518 号

作　者	王　露
责任编辑	王敬一
出版发行	现代出版社
通讯地址	北京市安定门外安华里 504 号
邮政编码	100011
电　话	010 - 64267325 64245264(传真)
网　址	www.1980xd.com
电子邮箱	xiandai@ cnpitc. com. cn
印　刷	唐山富达印务有限公司
开　本	710mm×1000mm　1/16
印　张	16
版　次	2014 年 1 月第 1 版　2023 年 5 月第 3 次印刷
书　号	ISBN 978-7-5143-2104-3
定　价	76. 00 元(上下册)

目 录

第一讲　揭开记忆的神秘面纱

一、记忆的起源与发展

记忆，这个蒙着一层面纱的心理现象，成为古今中外许多学者研究的课题。从古代开始，学者们就对记忆问题不断地进行探讨。

在我国，最早阐述有关记忆原理的，可上溯到两千五百年前的教育家孔子，他曾说："学而时习之"，又说："温故而知新"，他提出的命题是在解释记忆的规律。

宋朝著名教育家朱熹有许多关于教育理论的著述，他不仅提出了"循序渐进"的记忆原则，还大力倡导"熟读精思"的记忆方法。

他在《训学斋规》这篇著作中写道："余尝谓读书有三到：谓心到、眼到、口到。心不在此，则眼看不仔细，心眼既不专一，却只漫诵浪读，绝不能记，记亦不能久也。三到之中，心到最急。"他在这里讲的是，读书三件宝：眼看、口念、脑思考。

明末学者顾炎武有超人的记忆力，能流畅地背诵十三经。十三经是十三部古书的统称，共有十四万七千多字。他对别人讲，他背诵的要领是，巩固已经获得的知识，更好地掌握新知识，在读新段落的同时，要安排一定的时间复习读过的内容。

清朝曾参加《四库全书》编纂工作的学者戴震，每天能熟记长达几千字的文辞。

他提倡理解记忆，反对死记硬背，认为饮食不化，有伤肠胃，死记硬背的识记方法，有损人的聪明。

我国古代对记忆的研究虽不成系统，但一些学者曾对记忆的过程和记忆的方法提出了独到的见解。

关于记忆学，西方最早文献源自于公元2500年前希腊演说家西蒙尼提斯，希腊更是世界上重视记忆学研究的国家，每年都会定期举办世界记忆锦标赛。

自从有了人类之后，记忆便跟随并服务于人们的生活中。远古时代，人们为了生存就要记住周围的环境，要分辨出哪些动物、植物对人们有害，哪些有益，如何寻找食物，如何应付各种自然灾害。

把这些经验一代一代地传递下去，就需要保存住记忆。同时，增强记忆力，也成了人类生存十分重要的学问，倘若发生什么大灾害，人类自身及所有知识记录惨遭毁灭性打击的时候，如果氏族首领侥幸存活的话，他们就需要尽一切努力去恢复一切已经失去的知识，所以他们平时要训练增强记忆的能力，把一切圣典记在自己的大脑中。

据记载，新西兰毛利族的首领卡马塔那能背诵全族长达1000年的，包括45代人的历史，这些内容足够他背上三天三夜，而他却从不看笔记之类的东西。为了解决记忆问题，古人还用结绳记事的方法，据说印加人能够用结绳记下十分复杂的长篇史诗。

但是人类究竟从什么时候开始研究记忆力的，现在人们已很难说清楚了。不过关于记忆力的第一批概念的形成却应该归功于古希腊人。尽管有些理论在现代人看来显得很幼稚，但他们的确是第一批提出记忆力的学术概念的人。

公元前 6 世纪，古希腊人帕蒙尼德认为，人的记忆是由明暗（或冷热）两种物质构成的混合体，只要混合体没有受到干扰，记忆就是完整的，一旦混合体发生变化就会出现遗忘现象。

公元前 5 世纪，古希腊人迪奥泽尼提出了另一种看法。他认为记忆是由使体内空气保持均匀分布的东西所组成的，与帕蒙尼德一样，他也认为一旦平衡遭到破坏，就会出现遗忘现象。

在这一问题上提出重要概念的第一人是公元前 4 世纪的思想家柏拉图。他的理论被称为"蜡板假说"。他认为，人对事物获得印象，就像有棱角的硬物放在蜡版上所留下的印记一样。

古希腊学者亚里士多德在公元前 4 世纪末，提出了一个较为科学的概念。他提出了记忆的联想理论，并写了一部专著叫作《记忆篇》。

今天我们所认为的一些的大脑的功能，在他那时主要被当作了心脏的功能。他认识到了心脏的部分功能与血液有关，而记忆则是以血液流动为基础的。遗忘的发生主要是血液流动减缓所致。

古罗马人在记忆理论上的研究很少，不过他们使用的"罗马家居法"和"直接联想法"一直传到了今天。这几种方法很实用，现在许多书上讲的快速记忆方法都有这两种方法的影子，有的只是变通了叫"法"，或者略加了改进，但实质内容是一样的。

17 世纪中叶，英国出现了以霍布斯、洛克为代表的"联想主义"心理学派。霍布斯对记忆现象做了唯物主义的分析；洛克则在欧洲心理学史上第一次提出了重要的记忆现象"联想"一词，此后"联想"便成了专门的术语了。

其后，一些哲学家继续对记忆问题进行研究，如在 18 世纪，有的学者试图将记忆与回忆进行区分。到了 19 世纪，俄国生理学家巴甫洛夫（1849 – 1936）提出了两类信号系统和高级神经活动的学说，把包括记忆研究在内的心理学引入生理学的领域。

近代实验心理学则是从 1879 年德国著名心理学家威廉·冯特（1832 – 1920）在德国莱比锡大学创建世界上第一所心理实验室开始的；德国另一位著名构造派心理学家哈尔门·艾宾浩斯（1850 – 1909）也同时开始对记忆进行实验研究，第一个在心理学史上对记忆进行系统实验。他对记忆研究的主要贡献一是对记忆进行严格数量化的测定，二是对记忆的保持规律作了重要研究并绘制出了著名的"艾宾浩斯遗忘曲线"。与此同时，奥地利医生、心理学家弗洛伊德（1856 – 1939）也从精神分析的角度研究记忆问题，认为记忆是信息在无意状态中的存储与提取。

第二次世界大战后，特别是 20 世纪 90 年代末艾宾浩斯开创记忆实验研究以来，记忆问题一直受到心理学家、生理学家的重视，美、英、日、俄等国家或设立记忆法专科学校，或开办函授教学，开始对人们进行增进记忆的普及教育，取得了许多有价值的研究成果。不过，在几十年间，也就是从 19 世纪末到 20 世纪 50 年代期间，人们只知道在记忆活动中有长时记忆的一种方式，或者说，仅仅是把记忆看成是某种单一的过程，直到 20 世纪 60 年代后，现代控制论、信息论的概念和方法应用到心理学领域，在记忆研究中出现了新的见解，认为，在记忆中不只存在长时记忆，而且还有短时记忆，由此提出两种记忆说。

两种记忆说的提出，对记忆的研究起了重大的推动作用。当代，对于记忆的过程和规律，多趋向于用信息加工的观点进行思考。由此可见，尽管人们对包括记忆在内的心理现象有过漫长的探究，而真正用实验的方法对心理学加以剖析，使之脱离哲学母体而成为一门独立的学科，只不过才经历了一百余年。

在一百多年间，有关记忆的研讨，在理论的建构、方法的完善以及实用价值的扩展方面，都获得了丰硕成果。

不过，到目前为止，不论是从生理学还是从心理学的角度，科学家们尚未完全弄清楚记忆功能的结构，对什么是形成记忆的物质也还众说纷纭。

研究认为，记忆是人脑对过去经验反映的心理过程。人们感知过的事物、思考过的问题与理论、体验过的情绪情感、练习过的动作等都可以在人脑中留下不同程度的印象，其中有的能保留相当长时间，在一定条件下能够复现，有的则渐渐遗忘。人对这些过去经验的反映就是记忆。记忆与感知觉不同，感知觉是人对当前直接作用于感觉器官的事物的反映，记忆则是对经历过的事物的反映。

从某种意义上讲，记忆比感知觉更复杂，对个体发展产生的作用更大。它是心理过程在时间上的持续，联结着心理活动的过去和现在，使心理活动成为一个发展的、统一的过程。以后，研究记忆的心理学家越来越多，对记忆的认识也越来越深入。

二、什么是人的记忆

《辞海》中"记忆"的定义是：人脑对经历过的事物的识记、保持、再现或再认。

一般来说，记忆是指记和忆的完整过程，从记到忆包括识记、保持、再认、回忆四个基本环节。所谓过去的经历是指过去对事物的感知，对问题的思考，对某个时间引起的情绪体验，以及进行过的动作操作。这些经验都可以以映像的形式存储在大脑中，在一定条件下，这种映像又可以从大脑中提取出来，这个过程就是记忆。记忆不像知觉那样反映当前作用于感觉器官的事物，而是对过去经验的反映。

识记即识别和记住事物特点及联系，它的生理基础为大脑皮层形成了相应的暂时神经联系；保持即暂时联系以痕迹的形式留存于脑中；再现或再认则为暂时联系的再活跃。

通过识记和保持可积累知识经验。通过再现或再认可恢复过去的知识经验。从现代的信息论和控制论的观点来看，记忆就是人们把在生活和学习中获得的大量信息进行编码加工，输入并储存于大脑里面，在必要的时候再把有关的储存信息提取出来，应用于实践活动的过程。把两者结合起来，可以将记忆的含义表述得更确切一些。

在日常的学习和生活中，我们感知各种事物，进行各种活动，产生思想，萌发情感，这些都能作为经验在大脑中留下痕迹，并在以后需要的时候把它们再认或再生出来，这就是记忆。也可以说，记忆是把从外界获得的信息贮存于脑，以后还能把这些信息提取出来的心理过程。

记忆现象并不神秘，我们每个人都有汪洋无极的记忆潜力，科学的记忆方法也不难掌握，学一点记忆理论和方法，会使我们终生受益无穷。记忆是人类发展才能的基础人类智慧的长河由两路洪流汇聚而成，一是自然科学、社会科学和哲学知识的积累；一是观察、记忆、思维、想象和操作等各项能力的扩展。

在人类一代接一代的社会实践中，产生和积累了物质文明的成果，而人类社会实践的发展必然引起人的思想认识的发展。人脑是人的最高级的控制系统，人脑的集中表现是智慧，而在构成智慧的多种因素中，记忆力处于至关重要的地位，假如没有记忆，注意和观察就失去了意义，思维和想象也失去了依靠，只有保持良好的记忆，在大脑中储备尽量多的知识经验，才能为思维的创造提供材料，记忆无疑是发展各种能力的基础。我们说，记忆是人类生存进化之本，依赖记忆，才有人类文明的进步，每一项新的发明与发现，都是以记住前人的经验为基础的，在智慧的长河中，是记忆把人类的过去、现在和未来连结在一起。

20世纪50年代以后，随着信息科学的发展及计算机技术的应用，心理学家开始用信息加工的观点解释记忆过程，认为记忆是人脑对输入信息的编码、贮存和提取的过程。信息的输入、加工、编码相当于识记过程，已经编码了的信息在人脑中的贮存相当于保持过程，对信息的提取即为再认和回忆。信息不能很好编码、贮存，在应用时不能及时提取的现象称为遗忘。信息加工观点对研究记忆产生了重大影响，使记忆机制的研究更加深入和精细。

记忆过程的四个基本环节是相互联系、相互制约的。识记和保持是再认和回忆的前提与关键，没有识记就没有对经验的保持，没有识记和保持就不能对经历过的事物进行再认和回忆，而再认和回忆是识记和保持的结果，也是检验识记和保持的指标。研究记忆的目的，就在于揭示记忆过程的特点和规律，科学地提高人的记忆效果。

三、记忆的生理基础

记忆信息是以什么方式贮存在人脑中，目前的看法有以下几种：

（一）痕迹说

痕迹即刺激留下的印迹。塞蒙和赫林提出记忆是"保持痕迹的能力"，是"物质的普遍属性"。当人记住一个名字时，人脑中就有一个代表这个名字的痕迹存在，开始时这种痕迹具有电流的性质，很容易消失，以后经过多次强化则发生了化学性质和组织上的变化而成为记忆的烙印。这种看法具有一定的道理，但太笼统不能说明记忆的详细机制及其本质。

（二）反响回路说

反响回路即神经系统中皮质和皮质下组织之间存在的某种闭合的神经环路。当外界刺激作用于环路的某一部分时，回路便产生神经冲动。刺激停止而这种冲动并不立即停止，继续在回路中往返传递且持续一段时间。因此认为这种脑电活动的反响效应可能是短时记忆的生理基础。贾维克和艾思曼的白鼠跳台实验支持了这种看法。

（三）突触结构说

突触结构的变化主要是指构成突触的神经元的轴突末梢增大、树突增多变长、突触间隙变窄、突触内发生生物化学的变化等。这些变化能引起突触兴奋程度的增高，刺激信息容易通过等。

一方面，在神经系统中，突触结构的变化是比较稳定的，一旦环境的刺激引起突触变化，这种结构就会稳定下来，将接受的信息以生化形式贮存起来，巩固在神经系统中。

另一方面，长时记忆并不是依靠神经系统的持续活动来实现的，神经系统活动的暂时中断，对长时记忆影响不大，如通过麻醉、冷却等方法使脑失去活动，但是当脑再一次重新恢复活动时，原来贮存的记忆信息还可以再现。因此，突触结构的物理、化学变化与长时记忆密切相关。突触结构变化的原因主要与刺激环境的丰富程度有关，这已被许多实验所证实。

（四）化学分子说

分子生物学研究发现了遗传信息的传递机制，即脱氧核糖核酸（DNA）借助核糖核酸（RNA）传递遗传密码。这使一些科学家认定，记忆是由神经元内的 RNA 分子结构来承担的。由学习引起的神经活动，可以改变有关神经内部 RNA 的细微化学结构，如同遗传经验能够反映在 DNA 分子的细微结构一样。

美国生理学家科恩等人用 RNA 酶处理涡虫，消除了涡虫对已学会的某种行为的记忆。后来，瑞典神经生物化学家海登训练小白鼠走钢丝，发现它脑内神经细胞的 RNA 含量显著增加，其构成成分也有变化。根据这些发现，海登等人认为 RNA 和 DNA 是记忆的化学分子载体。也有人认为，记忆的痕迹就是 RNA。

（五）神经细胞学说

莫斯科大学教授索科洛夫及其同事于 1982 年提出一种新的见解，认为神经元内部的变化可以解释神经系统的记忆能力。他们从蜗牛的神经系统中分离出单个的神经元，在适当的培养基中神经元能保持兴奋性和自发的活动，用化学刺激或电刺激可以发现单个神经元具有条件反应的特性，这一反应最先发生在原来受刺激的地点。

因此认为，突触的变化并非是记忆痕迹的惟一模式，神经系统的信息加工可能包含神经元内记忆的形成。

这一看法尚需更多的实验重复验证。关于记忆的生理基础的研究，还涉及神经递质、激素、神经肽等生化物质。目前这一领域的研究正方兴未艾，逐步深入。

四、记忆的原理

记忆是过去的经验在人脑中的反映，是一种复杂的心理活动。识记是通过感知得到信息并在脑中留下印象的过程，是整个记忆活动的开始，依据事先有无目的，可分为有意识记和无意识记。

保持是信息的编码与储存，从信息处理的角度来说，再现和回忆都可以归入信息检索里来，这样所有的记忆基本上要通过以下历程。

（一）编码

我们在学习文字时，按事物的形状、声音、意义，分别编成各种代码（文字），依类是形码、声码、意码。同样在储存信息之前把信息译成记忆码的过程，我们就叫做编码。

从当前的脑科学研究成果中，我们得知脑是由神经细胞（又叫神经元）构成的，神经细胞分为树突、细胞体和轴突三部分。轴突与树突之间的相接处叫突触。突触是神经细胞之间传递信息的结构。当神经细胞受到刺激时，突触就会生长、增加，使之与相邻的神经细胞联结、沟通。接受同样的刺激次数越多，其联结就越紧密而形成了定式，这就是人们通常所说的记忆。通过观察发现，人的记忆越发达，突触就会越多，当把突触切断后能影响记忆。

到底神经元通过什么规律将外界接收的信息编码呢？这个问题

只好留给聪明的科学家了，要提高记忆力，就需要掌握编码规律，然而在科学家们解开这个迷之前，只好通过专家们总结的规律来改进我们的方法了。

我们知道感官系统对于刺激并非悉数接收，所以记忆时所获得的编码也并非是所有事件精确的被记录，而是由于知觉经验和感知经验去判断要选择哪些做为记忆码内容。所以，记忆码是被选出来的信息中建立起来的。

为了提高编码的效率，我们在记忆信息之前，对信息进行系统的程序化处理，再进行识记会提高编码效率，提高记忆。

（二）存储

前面我们说过神经元的联结越密越会形成定式。这个定式我们也叫神经回路。神经回路的形成一般认为有四个连续阶段，也可以认为是信息保存的四个阶段。

第一个阶段是通过感觉系统获得信息，储存在大脑的感觉区内，储存的时间很短，如果信息这时通过加工处理，分类就会形成新的印象转入下个阶段。这一阶段是由脑内海马神经细胞回路网络受到连续的刺激而形成的，也就是突触结合长时间持续增强，会延长信息停留的时间，这个阶段也叫第一级记忆，信息在第一级记忆停留长时间后就会进入第二级记忆，这个阶段信息的保留可能和蛋白质合成有关，我们的信息如果常被使用，它就不会被遗忘，而会再往下一级跳，在第三级记忆内就会形成神经回路网络，脑内新突触的联系越多，就被认为是记得越牢固，更准确的说就是被存储在大脑中了。

（三）检索

我们脑内的神经元反映的信息在需要用的时候可以被准确的再次呈现，也就是储存在 DNA 链上的信息基因，在适当条件下，指导合成信息蛋白并呈现的过程。

在信息处理的角度，我们都关心怎么找到信息，而找到信息的结果，也正是再认、再现的目的。

五、记忆特征

遗传是一种记的行为的释放。生命的主要特征就是遗传，也就是在染色体上形成特定标示，这一标示的形成是非常漫长的，也是比较复杂的，这种标示首先必须某细胞群（比喻人类大脑细胞群）受到连续的或特殊的刺激，使其带上这一特定的刺激的标示，这样，这一刺激的遗传基因已经完成了一半，另一半取决于异性，假使和这个人结婚的异性也带有这一特定遗传标示，那么这一刺激的结果就可能在他们的后代中出现了，比如黄种人的三大特征之一的黄皮肤，又比如白种人的白皮肤，因为长期的阳光照射稀少产生的皮肤标记，这一标记能遗传，就是在长期的同种刺激中，使得欧洲人产生了这一遗传标记。

标记的产生有以下特点：一是来自长期的大面积种类都得到的刺激；二是来自突然的单一的刺激。

在这里，有必要为青少年讲述一下"变异"。变异是指在正常遗传的位点上出现了特殊，所以，以上所述的内容就是变异，但是，它们也不尽相同，以前所述的变异是指某种非普通物种类同的改变，本文在这里所描述的变异还包括新细胞的诞生和新功能的产生，人以前没有思维，经过长期的社会群居，使得在同一洞穴里的人必须发生交往，慢慢地就出现了思维，从此，一群新的基因就产生了。人类在内的动物界的所有行为都是遗传的结果，环境只能使这种行为更加完美和复杂。从人类最初的吮吸到最后发育出来的性行为，都是遗传的结果。人类的行为可以到动物界找到答案，如果以动物的行为建立一个认识力（认识的一种理论），可以发现，人类的所有行为都是以单细胞生物的行为为模本而进化的。虽然人类有喂奶等高级行为，但是，它是进化的结果。

客观事物、感知域、感知度、直接感觉、记忆、记忆再现时的感觉等等，它们之间的关系极为复杂。正确理解它们之间的关系，有助于对记忆本质的正确认识和理解。

（一）记忆的永久性

信息一旦在大脑中枢神经细胞上得到储存，它是不会消失的，会永久地保存，这就是记忆的永久性。因为记忆是以一定的物质形式存在于大脑中枢神经细胞上的，构成储存信息的最小物质单位——"记忆元"在各组织器官发育完善时就已形成此后的记忆主要是形成具有活性的"记忆元"网络，当然也是永久地存在。如果记忆仅是短暂的，不是永久性的，那么记忆也就不叫做记忆了。

（二）记忆的遗忘性

不少人都遇到过这种情况，一塑原来已被牢牢记住的信息，或者刚刚接触过的事物，我们却怎么都回忆不起来，这就是记忆的遗忘性。记忆的遗忘性，其实是记忆的再现发生了困难，并不是已经记住的信息真的遗忘掉了。如上所述，记忆遗忘性的发生，不是已经记住的信息（客观事物的替代物——载体）在大脑中消失了，而是储存信息的"记忆元"活动（主要是"记忆元"网络的活动）发生了困难造成的。

　　具有概括性的"记忆元"网络形成是一个复杂的过程。那些结构不完整、自主活动性低、网络结构不发达的"记忆元"网络，自身较难活动（本质上是不能产生动作电位的）；或者不能被外来的神经冲动所启动。"记忆元"网络不活动，那么记忆也就不能再现了。有时即使"记忆元"网络发生了活动，产生了生物电流（神经冲动），如果达不到大脑的感知阈，那么曾经记住的信息还是不能被大脑感知到。

　　另外，大脑中枢神经组织中，存在着兴奋性系统和抑制性系统。如暴力抑制性系统强于兴奋性系统，那么记忆也较难以再现。这些都是记忆遗忘性产生的原因。此外，记忆力的衰退跟记忆的遗忘性密切相关，也跟神经细胞的衰老尤其是具有联络功能的神经细胞的衰老相关。一时回忆不起的人、事、物，如果道过冥想苦思，或者通过相关人事物的联想、再刺激等，片刻之后或者过段时间，被遗忘的人事物又可以被回忆起来。

　　遗忘分两种：永久性遗忘和暂时性遗忘。

　　永久性遗忘分为两种情况：一种是病理性的，比喻被车撞成失忆症的人，对过去很多事情都有可能永远失去回忆的可能，它们是记忆库的某些通路已完全发生机械性短路，生物钟已经无法与之沟通的结果；一种是爱好性的，就是自己不爱好，或当时没有往脑里去的缘故，比喻有些你学过的东西无论何时再次遇到它，你都产生陌生感，再比喻一篇文章中，虽然主要内容你可以倒背如流，可是有些修饰性话语你再看到时，可能也有陌生感。

暂时性遗忘并不是时间上的长短，这一暂时可能是几十分钟，也可能是几十年。

遗忘的实质是对大脑内的信息的一种停止使用，如果没有这一功能，大脑每天所进入的信息如果漫无目的地长期出现，这个人就会造成思维过度，遗忘是大脑的一种行为，这从你一生中吃过的早中晚三餐可以看出，因为你很少能说出某年某月某日吃过一些什么，是在哪里吃的，和谁一起吃的，可见你对这些每天必须发生的事情是不会随便产生记快的，所以你就没有回忆可言。

记块的多少决定一个人经验的多少，平时所说的经验丰富和经验不足就是由它决定的。

自然界的原块使人体产生的记块的信息量，在人的一生中是非常庞大的，不过很多的记块都被大脑隐藏了，只有在特殊的情况下才可能被提取出来，很多人都有过这方面的经历。

记得有首儿时学的歌"春天在哪里呀，春天在哪里，春天在那小朋友的眼睛里……"，这歌已经好多年没唱了，根本就不知道在我的大脑内有这么一首歌，有一天突然能够唱了，并且是自动出来的，当时非常惊讶自己的记忆是否出了毛病。

依此可以分析出，人的记忆力是无限的。可以知道，记块一旦产生，它就牢牢地储存在大脑里了，只是你没有使它们复出的能力，一旦有了这种提示的生物钟，它就会被唤出，形成忆块，有些人在突然遇到一种事件的发生时，总是对付得了，就是他们有这方面的记块，所以他们就很成功。

有一种"生铺"行为，可以证明周身细胞是有记忆的，当一个人睡在一个新环境的一张床上面，就会有翻来复去睡不着觉的感觉产生，这是因为，整个人背部和身躯侧面的细胞牢记着以前的"睡眠床"的"性质"：如软硬、平凹、覆盖物的轻重、枕头的性质及睡的方向等，当他入眠于这一陌生环境时，躯体细胞的所有原记块都与现在的刺激格格不入或对不上号，所以细胞出现大调整（兴奋），通过一定路径反馈给大脑的兴奋中枢，大脑于是建立一个新的联系区，因此兴奋使人不能入睡。

据调查，青少年的遗忘程度与以下因素有关。

1. 信息干扰，存储混乱

我们把文件存入电脑中，只要有需要，任何时候都能立即打开使用。可是，当我们从自己的头脑中提取某些信息时，却会发生困难，"我怎么想不起来了！"为什么会忘记呢？你也许会说自己记性不好，但事实上，人的大脑和电脑一样，任何存入的信息都不会丢失。经过催眠的人能够回忆起从出生直到想在所经历的任何事情，所以正确的说法是，"信息尚在，但没找到正确的提取线索，所以记不起来了。"

2. 提取的线索单一

用电脑时，如果我们把一个文件存入几个子目录下，或同时用几个名称存储，使用时会更加方便。当然，这样做对电脑空间是一种浪费，但对人脑却无须有此担心，因为人脑能够储存的信息几乎是无限的。但是，由于我们学习或经历过的事情通常只保留很少的线索，一旦这条线索受干扰，就容易记不起来。

3. 注意力不集中、观察不够细致

当你坐在桌前，眼睛盯着一本书时，你是否在专心学习呢？当你正襟危坐，眼睛盯着黑板前的老师时，你是否在认证听课呢？当你坐在书桌前思考问题时，你的思想是否专注呢？

据统计表明，当人们自认为专注时，往往有20%的时间和精力"溜号"和"走神"。学习或做事不认真、不专注是效率低下的重要原因。因为这使得线索分辨度不高，容易和其他线索混淆，从而造成提取时的困难。

4. 缺少情感关注

那些使得情感受到强烈震撼的事情是不会轻易忘记的。事实上情感是非常重要的记忆线索，我们容易记住那些感兴趣的事情，而那些引起情感抵触的事情则不易记起来，积极的情感能提高大脑的激活水平，从而有利于记忆；消极的情感会抑制大脑活动，从而使记忆变得困难。

了解了大脑的遗忘规律，我们就能根据此遗忘规律制定出相应的记忆措施，克服遗忘以达到良好的记忆效果。

（三）记忆的局限性

记忆是机体各感觉系统对周围环境和自身环境信息刺激的反映。但是，机体各感觉器官不是对所有的刺激都能作出反应的，只能对发生效应的信息的刺激作出反应并转化为神经冲动，并在大脑中得到储存。不能发生效应的信息的刺激是不能转化为神经冲动，也就不能获得储存。因此，记忆是有局限性的。

机体的感觉器官只能对感知域内的信息的刺激产生记忆作用。机体从诞生一直到死亡，所记忆的信息都是感知域内的。每一种机体在它存在期间都具有相同的感知域和相同的感知度。同一种族的生命体具有相同的感知域及感知度，这是由于他们具有基本相同的组织结构特征所决定的，而且也是同种生命体可以相互认知相互交流的根本原因。

视觉系统只能对可见光波产生效应，超过这个范围的渡作用于视觉系统是不能产生效应的，因而也不能得以储存。听觉系统只能对 20 ~ 20000 赫兹的声波产生效应，超过这个范围的刺激，同样不能产生效应和得以储存。其他各感觉系统也存在类似的情况，这是由机体的组织结构特征决定的。因此，机体各感觉系统只能对极少数周围环境和自身环境信息的刺激产生效应，并获得储存，这就决定了记忆是有局限的。

由于机体各感觉器官感觉能力（范围）的限制，造成了记忆的局限性。但是，大脑中枢神经组织的信息是以具有活性的"记忆元"网络的形式存在的，大脑中有无数个构成信息的最小单位——"记忆元"，从理论上可以形成无数个具有活性的"记忆元"网络。因此，大脑可以储存的信息是无限的。另外，人类是一个具有自主能力的高级生物体群体，能够借助于一定的手段，把各感觉器官不能感觉的信息转化为能够感觉到的范围内，从而得以记忆。因此，大脑记忆的信息及对客观事物的认知水平可以不断深入、不断发展，是永无止境的，这也是人类之所以不断发明创造的根本原因。

大脑中"记忆元"的数量，从理论上来讲，可以通过计算获得：感觉系统的感知域除以感知度，即是该感觉系统的"记忆元"数目。所有感觉系统的"记忆元"总和，就是大脑中"记忆元"的总数。但它远远小于140亿，因为大脑中枢神经组织的神经细胞总数才140亿个。"记忆元"好比是0 ~ 9这十个阿拉伯数字。0 ~ 9可以组成无限个数。同样，大脑中的"记忆元"通过形成具有活性的网络结构（信息编码）所表达的信息也是无限的。当然，这是个极其复杂抽象的过程。

（四）记忆的误差性

大脑中储存的信息再现时（本质上是"记忆元"网络活动时释放出的神经冲动达到大脑的感知阈）所呈现出来的形象，与记忆的对象（被储存的信息）直接作用于机体各感觉器官后在大脑中所呈现出来的形象，总是存在着差异。即使闭上眼睛回忆刚刚通过视觉系统而获得的记忆对象，或者回忆已经被牢牢记住的对象，两者仍然有着差异。大脑中呈现出的对象总是不那么精确，这就是记忆的误差性。

记忆误差性的产生，与"记忆元"的形成过程和"记忆元"网络的活动过程有关。"记忆元"是构成具体信息的一个"点"。当无数个"记忆元"（信息的"点"）形成具有活性的"记忆元"网络时，才表现为一个被记忆的信息。"记忆元"形成时，有极小部分神经冲动被过滤掉了，当它活动时释放的神经冲动（动作电位）与当初传入的神经冲动存在极微小的差异。

例如：听觉系统能对 20 ~ 2000 赫兹的声波刺激产生效应，它是连续的。如果"记忆元"是以千分之一赫兹为单位来储存信息，那么两者之间的声波刺激所形成的神经冲动就被过滤掉了。由于信息直接作用于感觉器官时产生并达到大脑感知阈的神经冲动，与相应的"记忆元"网络活动时产生并达到大脑感知阈的神经冲动，两者的神经坤动存在着极微小的差异，因而也就产生了记忆的误差。

（五）记忆的模糊性

大脑中储存的信息再现时（本质上是"记忆元"网络活动时释放出的神经冲动达到大脑的感知阈）所呈现出来的形象，总没有记忆的对象（被储存的信息）直接作用于机体各感觉器官后在大脑中所呈现出来的形象那样清晰。即使回忆最亲近最熟悉的父亲、母亲、爱人、子女，总还是他（她）们直接站在眼前所看到（感觉到）的清晰得多，这就是记忆的模糊性。

记忆模糊性的产生，主要有三个原因：

一是由于记忆存在着误差性。有误差，就有清晰和模糊之分。信息（客观事物）直接作用于感觉器官时形成的神经冲动（生物电流）是连续性的，而"记忆元"网络活动时产生的神经冲动是点式的。连续的信息较清晰，点式的信息较模糊。

二是由于信息（客观事物）直接作用于机体各感觉器官时可以同时产生无数个完全相同的神经冲动传导束并达到大脑的感知阈，但"记忆元"网络活动时不会出现这样的现象。虽然"记忆元"可以在同一网络活动中运作无数次，但不可能在同一时刻进行。同一时刻相同的神经冲动传导束越多，呈现出来的形象就越清晰，反之就模糊（这也是直接感觉和间接感觉的区别及产生的原因）。

其三，由于信息（客观事物）直接作用于感觉器官时形成的神经冲动较强，而"记忆元"网络活动时产生的神经冲动较弱，强的神经冲动在大脑中呈现出来的形象就较清晰，而弱的神经冲动在大脑中呈现出来的形象就较模糊。

记忆的模糊性和误差性，也是直接感觉与记忆再现时感觉的差异性的体现。记忆的模糊性和误差性，在生命体的活动中发挥着重要作用。

例如：一个字尽管有千变万化的书写方式，人们仍能认得；一句话尽管有千差万别的音韵语调，人们仍能听懂；感觉系统再次接受已经发生了一定程度变化的人、事、物，人们仍能识别；到一个从未去过的陌生地方后人们能顺利返回；所有这些现象，都是记忆的模糊性和误差性作用的结果。

六、记忆表象

（一）什么是记忆表象？

记忆表象简称表象，它是曾经感知过的事物在人脑中保留并再现出来的形象。

例如：到过北京故宫的人能在头脑中再现出故宫宏伟壮观的形象，看过秦始皇兵马俑的人在头脑中能再现出兵马俑栩栩如生的兵阵；到过大海的人能在头脑中再现出浪击岸礁的涛声，一首自己特别喜爱的音乐也能随时在自己头脑中再现出优美的曲调等等。

按照苏联神经生理学家巴甫洛夫的解释，表象的生理基础是大脑皮层过去兴奋的痕迹，在刺激物影响下，这些旧有神经联系的恢复和再活动。它以过去感知为基础，没有感知觉，记忆表象就不可能形成。

例如：先天盲人没有颜色和色调的记忆表象，先天聋哑人也没有声音的记忆表象。

（二）表象的种类

表象以感知觉为基础，其种类也应从感知觉角度来划分。根据表象形成的不同感官可以把表象分为视觉表象、听觉表象、嗅觉表象、味觉表象、触觉表象、运动觉表象等。

例如：我们回忆起目睹过的人、物、风景等各种形象，这是视觉表象；回忆起听过的刮风、流水、音乐等各种声音，这是听觉表象；似乎闻到了兰花、玫瑰等花香，这是嗅觉表象；似乎尝到了梅子的酸甜可口，这是味觉表象；回忆坐在沙发上的柔软舒适的感觉，坐在大理石上的光滑凉爽感等，这是触觉表象；对自己参加的舞蹈、艺术体操等的回忆，头脑中出现的是运动变化的动觉表象。

我们还可以在头脑中再现某事物表象时兼有视、听、嗅、味、触、动觉等多种表象形成的综合表象。

根据表象的感知范围可以把表象划分为个别表象和一般表象。个别表象是指对某一个特定对象多次感知基础后产生的表象，它反映了个别事物的特征。

例如：对某一个人、对某一件物品等多次感知后在头脑中留下的形象。一般表象是指对某一类事物多次感知基础上产生的表象，它去掉了感知对象的个别特点，集中了一类事物共有的特征。例如：对各种房子、各种树和各种河流等多次感知后，在头脑中形成的与各类事物相应的典型的房子、树、河流的形象都是一般表象。

（三）表象的特点

表象是在感知觉基础上产生的，感知觉中的客观事物是具体、形象、直观的，所以在头脑中形成的表象具有直观性和形象性。

例如：我们感知过的山川河流、花草树木等，回忆时，头脑中的山、水、草、木历历在目，犹如身临其境，非常直观。但是，感知觉是客观事物直接作用于人的感觉器官，是对真实事物的直接反映，而表象是对过去经历过的事物的反映，客观事物不在眼前，仅仅是头脑中的记忆"痕迹"活动。

因此，表象和感知觉又有显着的区别。表象不如感知觉那样鲜明，无论多么清晰的表象，总比不上客观事物直接作用于人的感官时那样确切、鲜明、生动，表象活动反映的客观事物较模糊、不精确、暗淡。

例如：我们回忆华山险峰时，就不如亲自攀登时那样具体、鲜明、真切；表象也不如感知觉那样完整。直接感知时，客观事物的全貌和各个细节都展示在人们面前。头脑中的表象活动往往有些地方清晰，有些地方模糊，甚至有些地方根本就没反映，表象不能完整地反映事物的全部和一切属性，具有片面性；表象还不如感知觉那样稳定。人的感知觉要受一定时间和空间的限制，而出现在头脑中的表象可以不受时间和空间的限制，甚至不受逻辑限制，可以跳跃式、反复出现、重叠出现。因此，头脑中的表象活动，可以时而反映这一部分，时而突出另一部分，时隐时现，具有不稳定性。

表象也具有概括性，它是经过不同时间或在不同条件下，对同一事物或同一类事物多次感知而形成的综合的概括化形象，并不是某一次感知的个别特点的反映。无论是个别表象还是一般表象都具有概括性。

例如：人们以一年四季——春、夏、秋、冬的感知，在头脑中留下的四季表象往往是春天——鸟语花香，夏天——烈日炎炎，秋天——果实累累，冬天——白雪茫茫。这是关于四季的一般特征的形象反映，每个季节中的个别特点消失了，具有明显的概括性。当然，表象的概括性是有限度的，是一定范围内的概括，属于形象概括，其中混杂有事物的本质和非本质属性，它不同于借助词语实现的思维水平上的概括，思维水平上的概括反映事物的本质属性，是更高层次的概括。

（四）表象的功能

1. 表象是由感性认识过渡到理性认识的重要桥梁

从直观性看，表象与知觉接近，从概括性看，表象与思维接近。但是，表象既不是知觉，也不是思维，是介于知觉与思维之间的中间环节，它不仅仅使知觉更趋于概括化，并且也为思维、想象等过程的概括化、具体化奠定了基础。可以说，表象是从感知过渡到思维，从感性认识上升到理性认识的重要桥梁。例如：儿童的"心珠算"能力就是借助于算盘表象发展起来的。

2. 表象是学生理解知识信息的重要条件

实验证明，儿童借助表象能较快地理解和获取知识，教师利用了这个特点，可以促使儿童更好地掌握知识和发展智力。例如：心理学工作者对幼儿园儿童的加减法计算做了一项实验研究，原来儿童只能按实物计算，不能进行口算或心算。实验者先让儿童用实物计算，然后把实物遮起来，要儿童想着实物计算，即利用表象计算，经过这个环节，儿童较快地就能进行口算或心算了。根据研究推测，在人脑的记忆库中，形象信息量与语词信息量的比例约为 1000：1。可见，表象既有利于牢固记忆，又是学生理解掌握知识的必须条件，丰富表象储备极为重要。

3. 表象是想象的基础

想象是人脑对已有记忆表象进行加工改造而形成新形象的过程，是把头脑中保留的形象加工成新形象的过程，没有表象就无法进行想象活动，表象是想象的基础，也是形象思维和创造思维得以实现的先决条件。

4. 表象对人类实践活动的作用

某些职业活动需要借助表象来进行。例如：画家、音乐家、工程设计人员、施工技术人员等，他们都要运用鲜明的、稳定的、完整的表象来创造性地进行工作。表象对这些社会实践活动具有更为重要的作用。

七、记忆定律

由感块（感觉）刺激大脑的记库产生的储存叫"记块"。它是外界信息在大脑里的一种转化。

记块分两种：一种是遗传记块，一种是后天记块。遗传记块包括人类和动物的行为等等记块，后天记块是人类等动物后天学习得来的记块。

遗传记块分两种：一种是单一遗传记块，另一种是整体遗传记块。单一遗传记块比如听、看等等，整体遗传记块包括协同遗传记块和统一遗传记块，前者是指在同一个机体内的一种协调，比如排泄，排泄必须有腹肌的收缩、肛门括约肌的收缩等的共同作用才能产生。后者是指团体性行为，比如蜜蜂筑巢，珊瑚虫形成珊瑚礁等，如果蜜蜂和珊瑚虫在遗传基因中没有特定的整体基因支配，就不可能产生这种巢和礁。

记和忆是记忆活动中的矛盾体，是两个过程，是一个不可分割的整体。记是前提，忆是记的验证，记与忆的结合组成了从开始到结尾的完整过程。

如果根本就没有记住，或是在需要回忆的时刻，无论如何也想不起曾经识记过的那个事物，这种记忆显然是无效果的。

以学生为例，一个学生的考试成绩，在很大程度上取决于他的记忆力，考卷中所有的问题，都要从他大脑的记忆库中提取信息，进行整合后找到答案，那些成绩好的学生自然是因为记忆力好。所以，每个学生都希望自己有一个好的记忆力，以便把一切有用的知识贮存在大脑里，然而，这种愿望往往可望不可即。

比如：有这样的情况，在学校里，为了让学生多学一点知识，教师讲课。加班加点，用一摞参考资料搞题海战术，给学生超重的学习负担，结果事与愿违，学生边学边忘，所得甚微。

又如：有的学生学习很努力，为了参加一次考试，半夜挑灯，黎明即起，差不多整夜没合眼，好不容易把课程内容背得滚瓜烂熟，谁知一入考场，拿到考卷，一下子坠入重重迷雾当中，过度疲劳使他的大脑在强刺激面前霎时一片空白，自认已经见微知着的东西一点儿也想不起来了，只有面对考卷，一筹莫展。

这些情况表明，有时我们下决心并用了极大的努力，要把一些东西记住，或把一些材料回忆出来，而记忆的效果却很差。但在生活中，又会遇到另外一种情况，有些经历过的事情并不想要记住它，而它偏要占据脑海。

比如：在晚上看过一场令人兴奋的电视剧后，躺在床上要入睡了，而影片的镜头在眼前一幕幕地复映，场面和人物历历在目，尽管此时已经十分疲倦了，但要驱散这种讨嫌的回忆却是很不容易的。以上这些事实说明，在大脑的记忆活动中，确有很多现象令人困惑。

记是将感块转化到大脑内储存的过程，感块进入大脑后就成了记块。忆是将记块取出来的过程。记块并不是全部可以被唤醒成为忆块的，记块能否形成忆块与时间、感块、原块的刺激程度、思维过程、深部感觉、随机性和生物钟有关。记块和忆块之间有时还存在微妙的差别，也就是它们可能失真。

记块按时间还可分为短记块和长记块。按性质记块还可以分为硬记块和软记块。

硬记块决定器官的细胞性质、结构、大小等等，比喻肝细胞和心细胞的不同。软记块决定细胞的功能和表现，比喻肌细胞可以收缩。

八、记忆的法则

（一）记忆与录音

录音的方法是，先将有关题目录进磁带，然后空出一段足够回答问题的时间，最后再把题目的正确答案录进去一这样平时听音作答时，就可以检验自己遗忘或是搞错的地方。

使用这种方法，由于回答的时间有限制，就会促使头脑反应迅捷，记忆敏锐。同时也可以训练人养成一种简洁回答问题的条件反射。

（二）记忆与备忘录

当人们面对大量要记忆的事项时，首先辨别出哪些是必需记忆的，哪些是可记录备用的，这样就可以大大减少要记忆的事项，提高记忆效果。特别在信息爆炸的时代里，养成做备忘录的习惯更有益处。

（三）记忆与环境

对于一般的人来说，必须注意在学习的时候桌上不要放置任何会诱惑人的东西，以免分散注意力。特别是在强记时，桌上除了同记忆有关的东西，其它一概不应放置。

还有，写字台和墙壁最好涂上一种会使人镇静的颜色。光线太强大弱都会使眼睛疲惫。

（四）记忆与字典

字典宛如一只宝盒，里面藏有各种各样知识，你只要勤于向它索取，它促会源源不绝地奉献。多查字典对于巩固记忆具有很好的效果。当我们遇到难题时，向别人请教也能解决，但这只是一种听来的知识，过后如不加以确证的话，那犹难以记住。而查字典却不然，往往是带有一种急于想知道词语及其用法的积极愿望和精神准备。三番五次地翻查字典更会加深印象，从而达到巩固记忆的效果的。

（五）记忆与少儿读物

要想记得牢，就要理解得好。现代社会上分门别类的书籍很多，但是它们对于初学者来说显然太专业化了。因此，青少年可以设法利用一些少儿知识读物。因为这些读物就是针对孩子们缺乏一定的科学知识而编写的，其内容浅显易懂，还配有大量插图和照片。等到我们掌握了这些基础知识之后，就可以转向阅读成人书籍，这时阅读起来就容易多了。

（六）记忆与讨论

互相讨论的方法能弥补各自的不足之处，会使一个人本来难于解决的问题变得轻而易举。由于从提出问题到解决问题的过程，大家都有一个清楚的了解，所以就容易记住。另外，在讨论过程中，互相的启发往往会产生一种意想不到的灵感，很容易找出解决问题的办法。

（七）记忆与添注

有些青少年看书泛泛而过，随着时光的流逝，印象也就悄然无踪。为此要设法在书中找出重要的部分，然后分别夹上小纸条，以便查找。再有，发现书中有趣的、重要的或是有疑问的地方要做上记号，并在空白处写下自己的感想和见解，加深自己的理解，同时使记忆事项变得鲜明突出，如用各色铅笔划线，效果就更好。

九、记忆的作用

记忆作为一种基本的心理过程，是和其他心理活动密切联系着的。在知觉中，人的过去经验有重要的作用，没有记忆的参与，人就不能分辨和确认周围的事物。在解决复杂问题时，由记忆提供的知识经验，起着重大作用。

近年来，认知心理学家把记忆的研究提到了重要的位置，其原因也在这里。记忆在个体心理发展中，也有重要作用。人们要发展动作机能，如行走、奔跑和各种劳动机能，就是必须保存动作的经验。人们要发展语言和思维，也必须保存词和概念。可见没有记忆，就没有经验的累积，也就没有心理的发展。

另外，一个人某种能力的出现，一种好的或坏的习惯的养成，一种良好的行为方式和人格特征的培养，也都是以记忆活动为前提。记忆联结着人的心理活动的过去和现在，是人们学习、工作和生活的基本机能。学生凭借记忆，才能获得知识和技能，不断增长自己的才干；演员凭借记忆，才能准确的表达自己各种感情、语言和动作，完成艺术表演。离开了记忆，个体就什么也学不会，他们的行为只能由本能来决定。

所以，记忆对人类社会的发展也有重要的意义，在一定意义上也可以说，没有记忆和学习，就没有我们现在的人类文明。

十、记忆力千差万别

不同的人性格、心理、能力、智力各不相同，记忆力也千差万别。不同的环境下，不同的饮食，记忆力有差别；不同的年龄，甚至性别不同，记忆力也有差异。另外，记忆力是否经过训练也大不相同。

（一）不同年龄记忆力有差异

有的心理学家研究认为，儿童4到5个月就是辨认生人和熟人的关键时期，实际上就是有记忆力的初始时期了。1到4岁是儿童智力发展的加速时期，同时也是记忆力训练和增长的大好时期。

这一时期，是儿童的形象视觉发展的关键时期。实际上，在整个儿童时期（12岁及其以前），机械记忆占优势，擅长具体形象的记忆。从记忆的内容看，儿童善于记住具体事实，不善于记抽象的概念。

从记忆的方法来说，小学生机械识记占优势，逐渐向理解记忆占优势发展。从记忆的目的性来看，从无意识记占主导地位向有意识记占主导地位发展。从中学到大学，以及整个青年时期，记忆力的有意识记比重增大，但仍有无意识记，而且，理解记忆占优势，能记住许多抽象的概念。中学生随着学习年级的增加，无意识记逐步转向有意识记。

实际上，中学生记忆的最大特点，表现在他们正处于一生中最佳记忆时期。因此，中学阶段应重视对中学生记忆的培养。到大学阶段，理解力、逻辑思维力、记忆力都相当成熟了。青年时期是人生的黄金时代，个人精力充沛，勇于创新，记忆形成的知识也开始在人生的旅途中使用出来。中年时期，记忆力并不会感到衰退。

但是，随着一个人年龄的增高，老年人各种感觉知觉会出现一系列的变化，记忆力也会相应有所减退。不少年仅 50 岁的人，常常感叹不已："我真的老了，年过半百的人了，丢三落四，有时遇见熟人竟叫不出名来。"

这是一种生理现象。常识也告诉人们，年老过程都伴有记忆力的减退，但这种减退并不是记忆过程全面衰退，仅仅是回忆活动发生一定的困难，而记忆的保持，再认活动却保持较好。老年人的记忆力一般会减退，注意，只是"一般"而言，不少老年人的记忆力仍然是很强的，比如邓小平同志的记忆力。

所以，这又是同一年龄段记忆力呈现的千差万别之状。有人研究认为，男女在更年斯后记忆力也会发生变化，认为更年期是记忆力开始减退的一个标志。老年人的记忆力减退，如前所说，主要是回忆的能力减退了。但老年人的回忆减退并不标志着记忆能力的全面衰退或衰老的到来，这只是更年期心理变化的结果。当人们适应或渡过更年期，还可以出现人生的"第二青春"，记忆力和工作效益会显着改善，可一直到 75 岁以上的高龄，记忆力都不去再出现显著减退现象。

一方面，要看到这本身就是自然规律，抗拒不了。

另一方面，只要注意营养，心情愉快，增强信心，抓住时机，加强记忆锻炼，就能增强记忆效果。关于老年人增强记忆的方法，在本书的后面部分将详细论述。

（二）智力较弱的人记忆力有差别

智力较弱的人，记忆力也相应差一些；智力过人的人记忆力会特别好。

下面我们着重谈一下智力较弱的人的记忆力差异。

我们通常所称的"弱智"，也叫"智力落后"，是指由于大脑器官的损伤而造成认识活动及整个心理活动的持续障碍。它既有先天因素，即遗传因素，又有后天因素，即非遗传因素、如炎症、中毒、大脑创伤，以及许多至今病因不明的疾病。在遗传性和非遗传性弱智的人中，不少在儿童时期就表现出来。

弱智，其中一个表现是记忆力差。良好的记忆能力本身是保证正常儿童学习、生活的必备条件之一，是儿童心理发展的主要基础。弱智儿童则由于大脑接通功能薄弱，这就决定了形成和改变新条件联系的范围狭小和速度缓慢，使这种联系具有不稳定性。

此外，内部主动抑制的减弱决定了兴奋灶不能高度集中，这当然就使他们的正常学习和生活受到影响。

弱智儿童记忆的基本特征为：识记的一切新材料的速度缓慢，保持得不牢固，再现也不准确。不善于有目的地记住和回忆起所需的知识，很少能用间接记忆方法。

（三）记忆力的性别差异

男女两性的智力，特别是思维能力的发展，有无差异，这是一个争论不休的问题。

20 世纪 20 年代，美国心理学家桑代克曾以实验证明，女性在语言表达、短时记忆方面优于男性；男性在空间知觉、分析综合能力以及实验的观察、推理和历史知识的掌握（已包括这些方面的记忆）则优于女性。女性由于生理的特殊性，也形成了与男性明显不同的记忆。

由于女性一般心比较细，人常说心细如麻，在于细微之处的记忆，女性见长。一般讲，女性的记忆优势比较偏重于对文字语言材料的记忆。

有实验证明，女性的这一记忆优势从 7 岁时开始明显，并一直保持到成年；另外，女性还比较偏重于对一些社会内容为主的材料的记忆。如他们对人名地名及一些事件的过程细节的记忆，明显表现出优势。

另外，女性较之男性，还比较偏重于材料的机械识记。记忆力的千差万别，还表现在有的人对某一方面的材料有特别强的记忆，而对其他方面的记忆力特别差，记忆时间不同的差别、环境不同的差别，等等。

总之，大千世界，林林总总，无奇不有，记忆的差异就在日常生活中。

十一、记忆的潜力

恩格斯曾说："我们的意识和思维不论它看起来是多么超感觉的，总是物质的、肉体的器官即人脑的产物。"心理现象是神经系统的属性，大脑是"灵魂和意识的所在地"，各国科学家研究记忆的生理和生化方面，认知心理学家对记忆进行了大量研究，实际上这是对大脑奥秘的挖掘。在某些方面他们达到了共识，如认为记忆存在于覆盖在人脑表面的大脑皮质之中，记忆的获得与整个大脑的突触的抑制和促进有关。

他们认为大脑一旦受到刺激，则在每一神经细胞（神经元）上生长出更多的突起，这些突起将使人脑内部的突触连接。神经联系的总量增加，形成记忆。不断的刺激，细胞间联络密切，枝叉型的突触不断增多，信息才易通过。经多次反复，促进突触愈加发达。反之，如形成的突触长期不用，会变弱、缩小，突触数也减少，使信息不能顺利通过。所以为了增强记忆，就要经常用脑，就像经常要进行体育锻炼一样，进行头脑锻炼。

我们知道人的大脑结构功能单元就是神经细胞，每个神经细胞相当于一个记忆组件，它有兴奋和抑制两种状态，就像一个双稳态继电器。神经细胞记忆的信息用二进制数的单位"比特"来计量，它的总数为 $1 \times 10^{10} \sim 1.4 \times 10^{10}$ 个，就是 100 亿到 140 亿个之间。如果人的一生用 60 年计算，神经细胞每秒钟接受的信息量是 14 比特（最高可达 25 比特），那么一个人毕生的总记忆储量大约是 2.8×10^{10} 比特。这种储量究竟有多大？

打个比方来说，美国国会图书馆是世界上最大的图书馆之一，藏书近 2000 万册，我们大脑的信息储量可以容下三四个美国国会图书馆。看来一个人活到老、学到老，也只占用了自己大脑记忆储量的一丁点儿，事实上当今社会的每一个人的大脑都具有巨大的潜力尚待进一步开发，而少数已经完成开发的大脑超前者有着令世人惊叹称美的记忆力。

历史上不少经过认真地看、听、默诵、观察以及种种刻苦的磨炼，造就了非凡的记忆力。据传我国东汉时，有一位名叫贾逵的人，他五岁时还不会开口说话，他的姐姐听到隔壁私塾里传来朗朗读书声，常抱着他到篱笆旁倾听。到了贾逵 10 岁时，他姐姐发现他在暗诵五经的内容，感到十分吃惊，原来私塾里学生反反复复地念书，使贾逵耳熟能详。姐姐帮助他将庭院里桑树皮剥下来，裁成薄片，使他能边诵边写，经过几年的努力，贾逵已能够通晓五经和其他史书了。

报载美国纽约一所中学的生物教师霍华德·贝格在 1990 年以一分钟阅读并理解 25 000 字的速度，被载入《吉尼斯世界纪录大全》。他接受了一家杂志的采访和测试，采访者给了他一本刚刚印刷完毕的《黛安娜传》，这是本厚达 320 页的书，仅仅花了五分钟便读完了这本书。然后他接受提问，结果令人惊讶：10 个问题中他竟准确无误地答对 9 题，而唯一没有回答出的是一个次要的问题——黛安娜就读过的一所中学的校名，采访者又拿出另一本近 500 页的新小说《卧房》，他用 12 分钟读完并答对了 10 个问题。据《体育生活》报道，俄罗斯棋手卡斯珀格夫具有超群的记忆力，他记下了 1800 多人的通讯地址和 450 多人的电话号码，熟记了 12 000 个棋谱。

《太原日报》载文说英国伦敦举行了第四届世界记忆力大赛，经过一番角逐，决出最好的选手汉克和奥彬，在最关键的一项比赛（1小时必须记住 2000 位的数字，再用 45 分钟写下来），奥彬战胜了汉克，他记住了 1140 位数字，然后用 45 分钟写了出来。

陕西省岐山县有一个过目不忘的人，名叫张宏斌，是个医生。他陆续看过 11 遍《红楼梦》，能把 443 个主要人物的来龙去脉、相互关系，道个清清楚楚。《红楼梦》中 225 首诗词皆烂熟于心。1995年 5 月张宏斌给县中学高三学生讲授唐诗宋词，所有的诗词全是背出来的，讲稿上没有。全国各地名胜镌刻的楹联，他可背出 4000 多幅。金元时代的《药性歌赋》，记载着几百种药性，他在一个星期内就全部背了下来。当人们询问他有什么记忆诀窍时，他说："一是头脑高度集中，二是博学，博学引起联想，找出内部规律，三是讲究科学性。"

让我们一起来看一看那些少时记忆力很差的科学家。

记忆是智慧的仓库，是一切智力活动的源泉，我们所有的知识都是建立在记忆的基础上，准确而敏锐的记忆力是事业有成的动力。一般来说，一个知识渊博的人，他的记忆力也一定出类拔萃，古今中外都有在少年时期记忆力就有超常表现的学者。

不过，早慧只是一种特例，对绝大多数人而言，与生俱来的天赋是差不多的。

心理学家对许多人进行智商测量的结果表明，多数人的智商都在中等或中等偏高的范围内，就记忆能力而言，人与人之间的差别并不大。也有的学者一生颇有建树，但在少年时期的记忆力却是很差的。

请看以下事实：

（一）近代物理学家爱因斯坦自己讲，他少年时不比别人聪明，他的记忆力不太好，在学校读书时，除数学外其他学科都不怎么样，而他以后在物理学方面却取得了杰出的成就，他提出的"相对论"学说，成为风流一世的科学巨匠。

（二）19 世纪生物学家达尔文自己回忆，在他的少年时期，教师和家长都认为他的智力等而下之。

他说："我的记忆力可说是很坏的，以至不能把一个日期或一行诗句记上几天。"而他以后却能记住上万种植物标本，创立了"达尔文学说"，在生物学方面取得的成就无与伦比。

（三）大发明家爱迪生幼年读书时，老师叫他背书，他从未好好地背出过一次，而他毕生却有一千多项发明，成为举世无双的"发明大师"。

（四）我国宋朝史学家司马光幼年读书时，常觉自己的记忆力不如别人，于是，他效法孔子勤奋读《易经》时把编联竹简的皮绳断了多次的"韦编三绝"的精神，一心向学，终于写下了流芳百世的鸿篇巨著《资治通鉴》。

（五）清朝学者阎若璩少小迟钝，读书常常不能背诵，但他一生孜孜不倦，潜心典籍，娴熟地掌握历史资料，终于成为我国历史上著名的考据学家。

国外有的心理学家作过一个统计，在全世界所有的主要科学成就中，由那些少年时期就异常早慧的人搞成功的只占5%，而另外95%的科学成就，都是天赋和常人没有两样的学者在刻苦勤奋中取得成功的。

人们不禁要问：是什么奥秘使这些原来记忆力平淡无奇的人，善泳于茫茫书海，扩展了他们横空出世的才华，最终成为超群出众的学者呢？

十二、记忆研究的新成果

"自传体记忆"指对个人复杂生活事件的混合记忆，与记忆的自我体验紧密相联。

高尔顿开创了自传体记忆的系统研究，他发明了早餐问卷和字－线索方法。早餐问卷要求人们描述自己最近早餐的情况，越具体越好；而在他的"word – cueing"方法中，先向被试提供一个字（线索），然后要求被试回答看到这个字时首先想到的是什么。高尔顿的线索技术被美国的两位记忆研究人员克雷沃第和斯海夫曼挖掘出来并加以发展。

他们的包括两个阶段：主试呈现一张词单，要求被试将自传体记忆与每一个词联系起来；在第二个阶段，这组已由被试建立起自传体记忆的词再次被呈现给被试，要求他们回忆相应的事件是多久以前发生的，运用这一方法可得到跨被试不同生命阶段的自传体记忆的分布曲线。

随着记忆界的日渐发展，慢慢的得到越来越多的中国人的关注，从小学生到老人，都有参与了记忆力训练的热潮。中国记忆力训练网是国内记忆界最具影响力的记忆力训练平台，提供了许多详尽的原创免费记忆力训练资料。是急需提高记忆力的人群的最好平台。

在世界上代表记忆力的最高赛事是世界记忆锦标赛。

1991 年 10 月 26 日，第一届世界记忆锦标赛在英国大脑基金会的赞助下以"记忆的 91 年"为名举行。英国大脑基金会的发起人是英国心理学家、教育家托尼·巴赞，至今为止，它一直支助该项赛事的举行。国际著名的作家和演讲者托尼·巴赞先生，他的有关大脑的书籍，激励了无数的人致力于开发他们自己的潜能。他发起了世界记忆锦标赛并且带领记忆力研究者们建立了一系列比赛规则和标准。这些标准也变成了以后各种记忆竞技比赛的规则。世界记忆锦标赛在社会上引起了巨大的反响，媒体反映异常热烈，比赛吸引了超过65人的包括英国国家广播电台的记者在内的媒体代表。伦敦时报在头版进行了报道，评论说记忆运动的浪潮将席卷全世界。多米尼·奥布赖恩成为了首届世界记忆冠军，他的名字也成为了冠军的代名词。

此后，在 WMSC 赞助下，世界记忆锦标赛年复一年的举行，全世界人们对于记忆运动的兴趣也随之不断的增长。

到目前为止，世界记忆锦标赛共举行了 13 届，前 12 届都是在英国举行，第十二届（2003）在亚洲的马来西亚吉隆坡举行，一共产生了 30 位世界记忆大师，其中有两位中国人。

世界记忆锦标赛经过十三年的发展，已经成为在大脑思维运动方面最具影响力的国际性赛事。每年都有来自世界各地三十多个国家的成千上万名记忆选手报名参加，她代表了目前世界上记忆技术水平最高的国际性大脑思维竞技赛事。随着该赛事的影响力日益扩大，越来越多的国家开始重视并参与到这项比赛，世界强国几乎都有派选手参赛。直到 2003 年，中国才有两位选手报名参赛，然而值得我们中国人骄傲的是这两位中国选手都获得了"世界记忆大师"奖。这两位选手就是张杰先生和王茂华女士。

"世界记忆大师"奖在世界记忆锦标赛上是一个举足轻重的大奖，它代表了世界记忆锦标赛组委会对获奖者记忆水平的高度评价，也代表了获奖者在记忆力技巧和应用方面的突出表现。现今社会是一个资讯高速发展的时代。面对信息的大爆炸，人们只有不断的挖掘和发展自身的大脑潜能，才能更好的适应时代的要求。世界记忆锦标赛这样的国际性大脑思维运动必将受到越来越多的人们的关注和参与。一个大脑的时代就要来临，人类思维将会因此而发生质的飞越。

十三、判断青少年的记忆品质

作为心理活动的记忆过程自然有共同的规律，同时，也有明显的个别差异。有的青少年记忆力好，有的青少年记忆力差，一般根据什么来判断人的记忆品质及记忆的优劣的标准呢？

由于记忆自身的复杂性，使它不可能用单一的标准来衡量，必须使用复合的、多重的标准来衡量。所以，对记忆好坏的鉴别要从几个方面着手，来考查记忆的速度、记忆能否持久、记忆是否准确和记忆的材料有没有应用的准备。这几个方面的状况，是对记忆质量的要求，在心理学中被称为记忆的品质。

一个人的记忆力水平综合起来，可以从记忆品质的敏捷性、持久性、正确性、备用性、系统性和广阔性这六个方面来衡量和评价。

（一）记忆的敏捷性

记忆的敏捷性体现记忆速度的快慢，指青少年在一定时间内能够记住的事物的数量。青少年记忆的速度有相当大的差异，是就人的记忆速度而言的。有的青少年记得快，人们用"一目十行、过目成诵"这些话来赞许记忆敏捷的人。

据说，我国唐朝有个叫常敬忠的学士，在一次考试中拿到一部万言书，读了七遍就能把全文背下来。

据《三国志》记载，建安七子之一的王粲在同别人一起行路时，阅读路旁的碑文，别人问他是否能记住，他当即背诵，一字不失。在传说中，这些人的记忆速度的确是非凡的。

有人做过这方面的实验：让受试者背诵一首唐诗，有的孩子重复 5 次就记住了，而有的却需要重复 26 次才能记住。有的学者让受试者识记一系列图形，有的人只需看 33 次就能记住，有的却需要看 75 次才能记住。这就说明了人的记忆在速度方面即敏捷性方面存在着明显的差别。

记忆快慢与人的大脑神经联系形成的速度有关，暂时联系形成得快，记忆的速度就快；反之，反应就会缓慢。人与人之间在记忆快慢的差别上表现很明显，如记一篇短文，有的人读过三五遍就可以背诵，有的人需要反复读十多遍才行。记忆是否敏捷，对人的学习有直接的关系，记得快的人就有可能在同样的时间内学习较多的材料。

一个人能否记得快，固然受多种因素的影响，但提高记忆速度的重要条件是注意力高度集中，使识记对象在头脑中获得最清晰和最完整的反映。如果闭目塞听，漫不经心，就绝不会有高速度的识记。

记忆是否敏捷取决于大脑皮层中条件反射形成的速度。条件反射形成得快，记忆就敏捷；条件反射形成得慢，记忆就迟钝。

每个人都希望自己的记忆具有敏捷性，因为这样就可以在单位时间里获得更多的知识。要增强记忆力首先就是记忆的敏捷性。要想达到这个目的，一是平时要加强锻炼，通过锻炼使自己的记忆敏捷起来；二是在记忆时要集中注意力；三是要充分利用原有的知识，以此来获得新的知识。也就说在旧有的条件反射基础上去建立新的条件反射，这样记忆力就会逐渐敏捷起来。

（二）记忆的持久性

记忆的持久性，是指记忆的内容保持时间的长短，是就记忆的巩固程度来说的。光是记得快，但记忆不能持久，不能认为是好的记忆。

19世纪英国诗人拜伦对他自己写的长诗，经过几十年后还能成段背诵。据塔列尔在《拿破仑传》中记载，拿破仑十九岁那年，一次因犯军纪被关禁闭，他在禁闭室中发现并阅读了一本关于罗马法典的书，事隔十五年后，在制定拿破仑法典的会议上，他能随口引证罗马法典的条文，使那些参加立法会议的法学家们惊叹不已。记忆是否持久，与暂时神经联系是否牢固有关，暂时联系形成得越牢固，信息保持的时间越长；反之，就会消失在俯仰之间。

许多青少年都希望把那些由识记得来的对自己有用的信息长时间地保持在脑中，但人们对于刚刚经历过的事情，即便是一些细微末节，也有可能想得起来，而过了一段时间后，回忆起来就不会那么清楚了。可以认为，贮存在大脑中的信息，是从旧的开始渐次剥离，新的记忆又逐渐积累起来，持久的记忆不是唾手可得的，必须经过一个发展的过程。

譬如，学了一个英语单词，起初把这个词读若干遍，可能记住了，但要想让它在头脑里扎根，就必须多次复习，反复出现，使它纳入大脑长时记忆的网络，才会持久地保留下来；

又如：认识了一位新朋友，起初是在某个场合见过面的，可能记住了，但要想把那位朋友成为稳定的牢固的印象，就必须再一次地回忆那个场合，或同这位朋友再次接触，同样地使这位朋友的映象进入大脑长时记忆的网结，才能持久地保留在记忆中。究竟是记得快记忆持久，还是记得慢记忆持久呢？

在这方面与人的记忆方法有关，识记的快慢与记忆的持久性没有必然的联系。不过，要使记忆全始全终，关键是要具有记住的毅力，对一时想不起来的东西，应当努力地想，下决心把它想起来，对自己要有严格的要求。如若不肯下功夫进行复习，回忆时又懒于思索，那是什么也记不牢、想不起的。

像前面讲的，记得快也忘得快，那就没有什么实际意义了。所以，良好的记忆必须具备的第二个标准就是持久性。记忆的持久性，顾名思义，就是指记忆的事物能在头脑中保持长久的时间。它是记忆巩固程度的体现。从生理学角度来说，记忆的持久性取决于条件反射的牢固性。条件反射建立得越牢固，记忆就越持久；条件反射建立得越松散，记忆就越短暂。

人们的记忆在持久性方面也有很大差别。有的人记忆十分长久，可以维持多年；而有的人却十分健忘，记不了多久就忘掉了。

人们都希望自己的记忆长久，但是仅仅持久仍然是不够的，如果不善于灵活运用也是枉然。既有持久性又有运用的灵活性，才能牢固地掌握所学到的知识。记忆不长久，一般是功夫不深，复习记忆密度不够有关。要经常地并在适当的时机进行复习，使条件反射不断强化而得到巩固，这样就可以使记忆获得持久性。

（三）记忆的正确性

记忆的正确性，是指所记忆材料在重现时是否保持原貌，对原来记忆内容的性质的保持是就记忆的可靠性来说的。一个人的记忆，如果既有敏捷性，又具有持久性，但是不具备正确性，记得又快又牢固，可就是记错了。显然这样的记忆也毫无用处。完全可以说，"正确性"是良好记忆的最重要的特点。如果记忆总是不正确，那它只能对我们的学习知识和积累经验帮倒忙。正像开汽车时弄反了方向，开得越快，距离目的地越远。

据说，20世纪匈牙利数学家冯·诺伊曼是一位知识渊博的学者，一次他对友人说，他能背诵英国作家狄更斯的长篇小说《双城记》，友人选了此书第一章、中间一章和末一章进行验证，诺伊曼一字不差地背了出来。

我国汉朝知名学者蔡邕的著作在兵荒马乱中丧失，他也被杀害了，而留传下来的四百多篇蔡邕的作品，是他女儿蔡文姬通过回忆辑录下来的。我们在重现记忆的事物时，应该做到没有纰漏和没有歪曲，这种回忆才具有价值。

记忆是否正确，与暂时神经联系是否形成系统有关，这种联系越是系统化，记忆就越明晰；反之，就会模模糊糊。记忆是否可靠是一个很重要的品质，如果回忆不可靠，即使记得快，记得持久，但在重现中有重要内容的丢失，或有意义上的偏离，这种重现就一钱不值了。在记忆的准确性方面，人与人的差异是很明显的。这种现象在学生的考卷中最容易看到，有的学生答题准确而完整，有的就支离破碎，甚至答非所问。

记忆是否正确，固然和已有知识的储备有密切关系，但和记忆时是否认真，是否真正理解也有密切的关系。在识记时如果马马虎虎不求甚解，或死记硬背，都可能造成回忆的混乱和失真。要保持记忆的准确，还有重要的一条，就是要克服主观意识。人往往会受主观意识的支配，对回忆的内容或增或减，使回忆产生变异。为了在回忆中如实地反映客观事物，必须保持一个客观的态度。

所以，记忆的正确性是保持人们获得正确知识的重要的心理品质。我们常常可以看到有的人记忆总是非常正确，回答问题，处理事情总是那么信心十足，准确而全面，从不丢三落四或添枝加叶。而有的青少年的记忆不是错误百出，就是犹豫不决，拿不定主意，总是"大概"、"或许"、"差不多"等。这说明人们的记忆在正确性方面也是大不相同的。记忆的不正确，不准确与识记以及遗忘的选择性有很大关系。对同一件事情，人们识记的角度和识记后遗忘的角度都不完全相同。

(四) 记忆的备用性

记忆的备用性是指能够根据自己的需要，从记忆中迅速而准确地提取所需要的信息，指的是能够迅速地从已识记的知识储备中提取当时所需用的信息的性能。

记忆的备用性是决定记忆效能的主要因素，是判断记忆品质的最重要的标准。记忆的备用性也是记忆的敏捷性、持久性、正确性、系统性和广阔性的体现。人们进行活动的目的是为了储备知识，并使之备而有用，备而能用。记忆如果没有备用性，它了就失去了存在的价值。

任何知识经验，记住只是前提，使用才是最终目的，如果把材料记了一堆，到用的时候冥思苦想一无所得，这样的记忆没有用处。记忆的备用性是最宝贵的，一个人在参加考试时，就需要从他大脑的记忆库中把相应的信息迅速检索出来；一个人在思维和想象中，也需要从他大脑记忆库中把相应的信息迅速地呈现出来。

记忆的备用性是决定记忆效能的主要因素，是判断记忆品质的最重要的标准。记忆的备用性也是记忆的敏捷性、持久性、正确性、系统性和广阔性的体现。人们进行活动的目的是为了储备知识，并使之备而有用，备而能用。记忆如果没有备用性，它了就失去了存在的价值。

记忆的备用性与暂时神经联系是否巩固和是否系统化有关，这种联系越牢固，越是构成系统，记忆的备用性就越强；反之，记忆的东西就会随着时间的流逝而消失。记忆与大脑中的知识是互为因果的，有良好的记忆就能获得丰富的知识，有了丰富的知识又能使记忆的效果得到提高。所以，要使记忆具有坚实的备用性，必须在平时努力扩大自己的知识面，才能在一旦需要的时刻，使贮存在大脑中的信息以联想的方式迅速呈现。同时，要保持记忆的备用性还有重要的一条，就是要不断复习，只有对已有知识反复运用，才能在回忆中做到驾轻就熟。

记忆的四种品质是有机联系，缺一不可的。为了使自己具有良好的记忆能力，就必须建立丰富、系统、精确而巩固的条件反射，具备所有优秀的记忆品质。忽视记忆品质中的任何一个方面都是片面的。所以检验一个人的记忆力的好坏，不能单看某一方面品质，而必须用四个方面的品质去全面的衡量。

提高记忆力的最有效方法是坚持进行记忆力训练，目前网络上比较流行的图像记忆的方法，主要是通过奇特，夸张，有趣的生动画面，来达到强烈刺激大脑神经从而达到一次性深刻记忆的目的，和传统的死记硬背方法截然不同。传统的记忆法方法是通过不断的重复内容刺激脑神经达到记忆的目的，比较费时，还容易遗忘。

图像记忆虽说也需要复习，但是只需要少数几次的复习记忆即可达到永远牢记的目的。这也充分运用了人脑的记忆优势，因为人脑具有非常大的图像记忆空间，比传统的死记硬背的记忆空间大100万倍。这也用到了左右脑的分工理论了。

（五）记忆的系统性

所谓记忆的系统性，就是按照事物的严密体系有意识地去安排记忆，使之有条不紊。人们的记忆具备了这种系统性，才能保证获得系统的知识和技能。否则，知识就会杂乱无章。人们的记忆在系统性上的差异同样是很明显的。有的人记的东西很多，知识面似乎很广，但讲起话来却东拉西扯，语无伦次，说不到点子上。

而有的人，看起来记得不多，知识面似乎也不太广，但谈起某个问题来却条理分明，使用起来也得心应手。

这表明了他们之间在记忆系统性上有差别。是条件反射的系统化。即在原有的条件反射基础上，再形成新的条件反射，并把新的条件反射纳入原有条件反射的系统之中。

因此，要想使自己的记忆具有系统性，获得系统的知识与技能，就要使大脑皮层建立的条件反射系统化。

按常用的话说，就是要循序渐进。循序渐进这一重要原则，有着充分的科学根据。人们对任何客观事物的认识过程，都是由浅入深、由片面到全面，由低级到高级的发展过程。

任何科学知识也都有其固有的系统性。正如毛泽东同志在《实践论》中指出的那样。

"人们的认识，不论对于自然界方面，对于社会方面，也都是一步又一步地由低级向高级发展，即由浅入深，由片面到更多方面。"

朱熹在《朱子大全·读书之要》中说过这样的话："以一书言之，则其篇章文句，首尾次第，亦各有序而不可乱也。"

读书要"字求其训，句索其旨，未得乎前，则不敢求其后，未通乎此，则不敢志乎彼，如是循序渐进焉，则意定理明，而无疏易凌躐之患矣。"

他还把读书比喻为"登山""登塔"和"升阶"，说一定要由下到上、由低到高，一步步、一层层、一级级地往上登才能读好。

巴甫洛夫在《给青年们的一封信》中也曾谆谆教导人们："要循序渐进，循序渐进，循序渐进。你们从一开始工作起，就得在积聚知识方面养成严格循序渐进的习惯。"

总之，为了使记忆具备系统性，一个要遵循由少到多，由浅入深，由近及远，按部就班地这一循序渐进的原则。

（六）记忆的广阔性

世间的事物总是复杂多样的，知识的海洋本身就是广阔的。因此人们对知识的记忆也一定要具有广阔性，否则也称不上是良好的记忆。人们的记忆在广阔性方面存在着差异，这也是显而易见的。

有的人通晓各方面的知识，被人称为"百科全书"；而有的人除了具有他所从事的专业方面的知识外，对其它知识则茫然不知，或是所知甚少。显然，后者记的知识缺乏广阔性，而前者记忆的知识则具有很大的广阔性。在现今的世界上，科学文化技术的发展日新月异，出现了许多边缘科学，交叉科学。如果一个人的记忆只满足于记住和自己专业有关的知识，是远远不够的，那只能使自己孤陋寡闻，对做好本职工作也是很不利的。

曾见到过一个大学毕业的内科医师，他的主要专业是诊治消化系统疾病。对此他可以说得上"又专又精"，可是对消化系统之外的其他内科疾病却很不精通，就连许多消化系统疾病合并的其他系统症状体征也知之甚少，经常要请别的医生会诊，更不要说其他科的疾病了，拿他的话来说叫做"隔行如隔山"，这对他的临床工作带来很大麻烦，经常误诊、漏诊。

所以说记忆不但要有系统性，还要具有广阔性。

所谓记忆的广阔性，就是在博学的基础上去记忆多方面的事物。

在学习上不仅要记住本专业的知识，还要记住其他必要的知识。记忆广阔性的生理基础，就是在大脑皮层建立多方面的条件反射。要使自己的记忆具有广阔性，唯一的办法就是要到浩瀚的知识海洋中去遨游，要博览群书，要在头脑中形成并巩固多方面的条件反射。

这里需要注意的是：不能片面强调记忆的广阔性而忽视其系统性。如果只有广阔性而无系统性，记忆的信息就会在头脑中形成一锅大杂烩，需要使用时提取不出来，反过来，只有系统性而无广阔性，记忆的信息就会贫乏，影响知识的丰富。所以二者是不可分割、相辅相成的。

正确的态度是，我们在记忆时既要博学又要专精。在博学的基础上专精，在专精的要求下博学；不博不专，不专不博；博而后专，专而后博；博专结合，相互促进。这样才能使记忆更加优良，才能更好地创造性地做好本职工作。

第二讲 有意栽花，胜过无心插柳（上）

一、什么是有意记忆

有意记忆法是指出于某种明确的目的，凭借意志努力记忆某种材料，这种方法叫做有意记忆法。人都可以进行有意识的记忆。

心理学研究表明，有意记忆的效果明显优予无意记忆效果。为了系统地掌握科学知识，必须进行有意记忆。

宋朝有个读书人叫陈正之，他看书看得特别快，抓住一本书，就一个劲地赶着往下读，一目十行，囫囵吞枣。他读了一本又一本。花费了很多时间和精力，可是效果很差：读过的书像过眼烟云，很快就忘记了，几乎没有留下一点印象。这使他十分苦恼，疑心自己是不是记忆力不好。

后来，有一天，他遇到了当时的著名学者朱熹，就向朱熹请教。朱熹询问了他的读书过程以后，给了一番忠告：以后读书不要只图快，哪怕每次只读50个字，重复读上多遍，也比这样一味往前赶效果好。读的时候要用脑子想、用心记。陈正之这才明白，他读过的书所以记不住，不是因为他的记性不好，而是学习目的不明确，方法不对头。

他把读书多当成了读书的目的，忽视了对书籍内容的理解和记忆。这样匆忙草率地读书，既不消化书中的内容，又不有意识地进行记忆，他的记忆效果当然是不会好的。以后，陈正之接受了朱熹的劝告，每读完一段书，就想想这段书讲了些什么，有几个要点，并且留心把重要的内容记住。经过日积月累，他终于成了一个有学问的人。

进行有意记忆，首先要有明确的任务。任务明确，就能调动心理活动的积极因素，全力以赴地实现记忆的任务。任务越明确、越具体，记忆效果就越好。

例如：英语单词不好记，但又必须记住，那么你可以把生词写在小卡片上，规定自己每天必须记住 20 个生词，并及时进行复习与检查。这样，日积月累，你的词汇量就会大增。其次，有意记忆要有意志努力的参与，也就是我们常说的"专心致志"。要下决心记住一段材料，就要进入"两耳不闻窗外事"，"头悬梁，锥刺股"的境界，如果面对着要记的东西，连连叫苦不迭，或漫不经心，或知难而退，都不会取得好效果。

心理学家做过很多实验，证明有意记忆的效果好。

例如：有一个实验是这样的：在某小学三年级的三个平行班里，对甲班学生，只要求他们阅读一段书，没有提出明确的记忆任务，对乙班学生，不但要求他们阅读，还要求在阅读后回答问题；对丙班学生，不但要求他们阅读，回答问题，而且教给他们怎样读。结果甲班学生能正确回答问题的人很少，乙班成绩强于甲班，丙班的成绩最好。

所以，有意记忆的第一个要点是具有预定的目的和要求，即要明确。我为什么要记"。但是，即使这个问题解决了，不同的目的也会有不同的记忆效果。有一项实验是向两组学生提出要在相同时间里记住一段课文。对甲组学生说第二天要检查，对乙组学生说一周后检查。但实际上两组都是两周后检查的。结果证明，乙组学生的记忆效果较好。

这样的例子还有很多。有一个大学生，花了很大功夫背课堂笔记准备考试，同时他觉得毫不费力地读了好几本书，为的是写一篇他感兴趣的论文。毕业以后，他下苦功背的那些笔记很快忘了，但他为了写论文看的那些书却还记得不少。这说明，光有目的还不行，提出的目的应该是长远的、有意义，有价值，有一定难度的目的。

有意记忆的第二个要点是：自觉地运用各种行之有效的记忆方法。要有意志努力的参与，也就是我们常说的"专心致志"。要下决心记住一段材料，就要进入"两耳不闻窗外事"，"头悬梁，锥刺骨"的境界。面对要记的东西，连连叫苦不迭，或漫不经心，或知难而退，都不会有好效果。

二、从几个事例看有意记忆的威力

（一）一位身体健壮，额上满是皱纹的老人，年龄已六十多岁了，正在苏联科学院礼堂的讲台上，向观众作精彩的记忆数字表演。老人对着一位上台来自愿帮助测验的观众说："你可以在黑板上任意写数字。"自愿者将一串长达四十多位的数字写在黑板上，然后就将黑板翻转过去。

老人安静沉着，眼不眨，心不慌，两秒钟后便一字不差地把数字全报出来。观众都愣住了，要知道这些观众大多是专家。事后，许多物理学家联合写信给表演者说："如果我们不是物理学家，那将非常难以证实人的头脑能完成这样的奇迹。"这位表演者是苏联的一位艺术家，他叫米克海尔·切乌尼，他用这种神奇的记忆技巧，能高效率地记住任何事物，甚至他仅用一个月的时间学会了日语，一个星期学会芬兰语。

为什么他具有如此惊人的记忆力呢？不是他天赋如此，而是由于他能熟练地运用有意记忆法。

（二）美国有一位很著名的记忆专家和表演家叫哈利·罗莱因。

有一次他和日本记忆专家高木重朗相遇，他为高木先生作了一番表演，罗莱因先生将一副扑克牌递给高木，让高木把牌弄乱，然后平摊在桌子上。

罗莱因看三十秒，就由高木将牌收起来。接着高木随便说出一张牌的名字，如说："红桃 5。"罗莱因马上回答："从上面数第十四张。"

"梅花 Q？"

回答"第三十五张。"

罗莱因回答得完全正确。

然后换个方式问他："第四十七张？"

他马上回答"方块 9。"

最后，罗莱因一口气将五十四张牌的顺序全都正确说出来、在国外，这种表演常出现在剧场和电视节目里，而且表演得非常精彩、令人瞠目结舌，惊叹不已，这都是记忆术的奇效之处。但如果要熟练掌握和运用这些记忆技巧，也需要下一番苦功，长期练习才行。

（三）德国考古学家施里曼青少年时期就刻苦学习，坚持运用记忆技巧，收获很大，知识渊博。施里曼只用了几年功夫，就掌握了二十一种语言。

施里曼等人的成功说明了什么呢？

它说明只要勤学苦练和坚持不懈地运用学习技巧就能取得惊人的成功。现代大量的实验研究和实践证明：按照生理学和心理学的规律，归纳总结出来的科学记忆方法和记忆术是行之有效的，就像训练其它技能一样，记忆技巧是可以进行训练及熟练掌握和运用的。事实证明，在运用记忆技巧方面，即使稍稍付出辛劳. 也会获得效果，如果勤奋训练和应用，就可以轻而易举地将记忆力提高两倍、五倍、十倍乃至几十倍。

你信不信记忆术的威力呐！不妨试一试。有些平时学习成绩不太理想的同学可能自信心不足，认为自己不如成绩优秀的同学聪明，怕是练也没有用。

英国心理学家戴维·刘易斯说过，一般来说，"没有天生愚笨的孩子。""每一个发育正常的婴儿都是带着成长为天才的许诺而降生的，他只等着成长为一位天才。"学生之间所以产生差别除环境和勤奋等因素不同外，主要是学习方法和技巧不同。

如果勤奋努力，又能使用记忆和思维的技巧，那么你一定能把学习成绩大大提高并超过优等生的水平。请你鼓起勇气，树立信心，勤奋努力，掌握学习技巧，反复练习，反复运用，你的目的一定能够达到，你的目标一定能够实现。

三、童年期有意记忆的发展和培养

童年期的有意记忆，主要指 9 - 12 岁这一时期的记忆，由于这一年龄时期，正是儿童进入小学开始正规学习的时期、我们习惯上又把这一时期的儿童称为小学生。这一时期，由于其生活条件和教育发生了新的变化，记忆的特点也发生了质的变化。

归纳起来，主要有下述特点：

（一）有意记忆逐渐占据主要地位

有意记忆的产生和发展是儿童记忆发展中的一大质变。

相关研究表明，2－4岁有意记忆逐渐发展。3－4岁的幼儿识记词的能力很差，只能识记一次给他们的不超过两个的词。5岁的幼儿，已有有意识记的能力6－7岁的幼儿的记忆力又有明显提高，这个期间的幼儿还会应用一些记忆方法，会把某些物体归为某类，建立识记材料间的逻辑联系。

从各种实验的实施过程所表现的幼儿记忆特点说明，幼儿观看图片进行有意记忆或无意记忆，说明了这一时期幼儿对事物的记忆基于形象的表现。由于孩子年龄小，缺乏必要的知识和经验，他们在记忆中，往往只能根据材料的外部联系，采用简单重复的方式进行机械识记。

由于小学学习不同于幼儿园，小学要进行系统的知识学习，有作业，有考试，许多生字、课文、口诀、定义部需要记住，不可能完全凭兴趣学习，否则就很难完成小学的学习任务。因此，有意识采用一定识记方法完成所记忆的内容是非常必要的。

事实上，入学初期的儿童已经开始具有有意识记的能力了，但很不完善。主要表现在，小学低年级儿童还不善于主动为自己提出一定的识字任务，一篇课文，一节数学课，他们学习以后分不清主次，不明确应该识记什么，哪些应该全部记住、哪些应该略记，他们也不大善于用试图回忆的方法来再现所学内容，而喜欢一遍又一遍大声朗诵。

至于朗诵中是否记住，怎样增强记忆力等有关内容，他们一点也不会关心，更不知道应检查结果。因此，老师和家长应帮助儿童明确记忆任务，诸如朗诵多少遍、哪些地方应该全部记住、朗诵多少遍以后应合上书本试图回忆，并督促他们接受家长、老师的检查。小学中年级的儿童，开始学会在老师的要求下，自己给自己设计识记任务。

例如：老师说要背课文，儿童已能在大声朗涌的过程中记住课文的大意或全部记住，在记忆的过程中，他们开始有了一定方法，如从头到尾诵读或离开书本分段试图回忆，对于一些简单课文，他们开始在熟读课文的前提下，试着找一些主要线索，以帮助其回忆。一部分儿童已经不消极等待老师和家长的检查，而是自己检验自己的记忆效果。

小学高年级儿童，已经能自觉地对自己提出识记任务，并采用一定的记忆方法完成识记任务。如开始学习一些范文，优美的句子，琅琅上口的诗词，数学中的公式、定理，他们开始明白哪些地方应详细记住，哪些地方只需记住大意、中心思想，开始掌握相应的记忆方法及策略，学习的效率大大提高。当然，毕竟他们年龄不大，坚持性差，因而整个童年期，无意记忆仍然占了相当大的比重，并且，有意记忆水平不断提高。

这应该引起广大老师和家长的注意，要求儿童记住的内容，首先应引起儿童的兴趣，尽量以生动，直观、新颖的形式介绍给儿童，如用故事的形式讲解一些枯燥的数学原理，公式，用游戏的形式练习语法；用小实验的形式讲解科学原理等，让儿童在轻松愉快的过程中记住科学知识，与此同时，又对学生进一步提出识记的要求，即让无意记忆和有意记忆交替进行，减轻学生记忆负担，增强学生学习的积极性。

那么，怎样提高儿童的有意记忆的效果呢？

首先，要对儿童提出明确的记忆目的与任务。如前所述，儿童还不善于主动对自己提出识记目的与任务，而不明白应该记什么，记忆的效果就差。因此，识记任务最好由老师和家长布置，任务一定要明确具体，一是时间明确，即什么时间记住，何时进行检查。这是一个技巧问题，儿童强记能力是惊人的，及时检查效果固然好，但容易养成儿童"热炒热卖"的习惯，不利于知识的永久贮存。

有这样一个记忆的心理实验，实验者向学生讲两个故事，讲第一个故事时，实验者告诉学生第二天检查看是否记住，在讲第二个故事时，告诉学生：故事要永远记住，几周或几个月后还要进行检查，但实际上都在几周后同一时间进行检查，结果是儿童对第二个故事记忆效果好。

由此可见，要求儿童记忆的东西，既要及时检查，又要对他们提出永久记住的任务。二是布置任务一定要有侧重点，诸如课文是逐字背诵呢，还是记中心大意和线索，这样会提高儿童记忆的效果。目前独生子女家庭中，家长陪读现象十分严重，这对于学生自觉完成学习任务非常不利。作父母的，应该逐渐让儿童学会独立地向自己提出记忆的目的与任务，让他们懂得应该记什么，为什么要记住了，应该怎样记住，怎样进行自我检查等等，这对于小学中高年级的学生来讲，已能逐渐做到了。

其次，加强学习动机的培养。任何活动离不开动机，记忆也一样。小学生的学习动机是从直接的浅近的动机逐步向自觉的、长远的动机发展。

刚入学的儿童，主要是新书包，新文具、学校的新环境引起了他的学习愿望，这种动机严格说起来。还缺乏一种自觉性，对学习只起一种短暂的维持作用。

到了低中年级，儿童产生了与学习过程本身相联系的浅近的学习动机，诸如责任感，荣誉感，求知欲望等，这些推动着儿童认真学习，在学习中表现出最初的自觉性和积极性，如果老师和家长布置适当的记忆内容，那么儿童能够努力完成记忆任务，到了中高年级，开始产生了一些远大的、比较稳定的抱负与理想，形成了相应的过大的学习动机，为了实现远大的抱负和理想，儿童能主动、积极地学习，学习中非常勤奋努力。

当然，远大动机离不开浅近动机的支持，二者构成了学生学习的动力，因此，教师和家长及时的提示、表扬对儿童记忆的积极性将起着很大的推动作用。

最后，教给儿童记忆的方法。记忆方法如何直接影响记忆的效果。对于小学生来讲，比较常用的方法是：

1. 反复诵读与试图回忆相结合。诵读对于学生熟悉课文，培养语言表达能力固然有好处，但是时间长了，会养成儿童"有口无心"的习惯，或者养成机械记忆的习惯。为此，应逐渐教会他们关上书本试图回忆，并自觉检查记忆效果。

2. 动员多种感官参加讦忆活动。比如学习生字，要看字形、听发音、反复读字音，书写、想字符、区别字形。这两种方法对于儿童有意记忆的培养有直接作用。

总之，小学中高年级是有意记忆趋于成熟的时期。

（二）有意记忆逐渐占优势

小学儿童在教师的帮助下开始学习有意记忆的方法，并且有意记忆的水平逐渐提高。但是小学低年级的儿童还不善于进行有意记忆，可以说，他们之中有 2/3 以上的儿童在识记课文、口诀等时，用的是机械记忆，其原因主要在于他们知识经验贫乏，找不出所要识记的内容的内部联系或关系；他们所掌握的词汇也很有限，言语表达力也较差，因而害怕用自己的话来记忆会歪曲原意；他们理解能力有限，不善于用意记忆的方法和技巧：诸如编提纲、分类、对比、联想等。

总之，由于智力发展水平有限，尤其是思维语言发展水平不高，他们更多用机械记忆。随着年龄的增长，智力的发展，其知识经验较之以前增多了，他们逐渐在老师和家长的帮助下找出识记材料之间的内部联系和关系，归纳中心大意，比较熟练地用自己的语言来复述材料的大意。有意记忆的发展可以提高学习效率，可以使大脑储存更多的信息，这对于进入中学学习都是必不可少的。

值得注意的是，许多高年级的学生，仍然不会用有意记忆的方法去识记，他们在学习中，更多的、更愿意用机械记忆的方法去识记，结果造成了他们学习负担过重，学习成绩不佳，不会用头脑中已储存的知识去分析、解决问题，尤其怕做数学应用题，怕记忆一些课文篇幅和结构都复杂的范文。

其主要原因是：

1. 喜欢现存的答案和解题的方法，懒于思考，智力活动的积极性不高，他们不愿意去动脑筋找出课文的中心思想，段落大意，主要线索。不愿意多问一下公式、公理的来龙主脉；他们更多把学习当作一种任务，一种负荷，只要完成老师规定阅读的次数或记住了就行了，不想花时间、动脑筋去缩短记忆进程。

2. 理解能力差，不善于用意义记忆的策略，他们不知道应该或怎样分段，提要、归类、比较、写提纲；也不知道怎样将反复阅读与试图回忆相结合。更不善于分配记忆时间。对于这类学生，建议教师和家长从记忆的方法上，学习的态度和兴趣上多帮助他们，鼓励他们，而不是单纯指责他们的学习成绩。那么，情形就刚好相反了。

有意记忆的培养在小学时期是非常关键的。如果把有意记忆的发展比作一幢大楼，那么小学阶段相当于大脑的地基和最初的几层，假如一幢大楼的地基未打牢，前几层楼有偷工减料之处，那么可以想象，这幢楼的外观再漂亮，也有倒塌之危险。

同样的，小学阶段，如果没有加强有意记忆的训练，虽然他们也从优异成绩进入初中，但是，如果仍以机械记忆的方式对待科目繁多的学习，那么学习必然是力不从心，这就是相当一部分女生进入初中以后成绩下降的原因之一。

心理学家们研究认为，8－14岁左右，记忆发展非常迅速，随后减慢，20岁左右，才达到顶峰，而11－14岁以后，是由机械记忆向有意记忆过渡的时期，倘若这一年龄，其有意记忆的能力没有得到最大限度的开发与利用，以后再进行补偿，其效果远不如关键时期的努力，所以，整个小学时期，实现机械记忆向有意记忆过渡是他们学习生活中的一件大事。

怎样培养儿童的有意记忆呢？

首先，教给儿童有意记忆的方法。记忆本身虽然是低级的心理过程，一旦它参与了复杂的智力活动，就与思维、语言、意志、情感等心理活动密切联系，成为一项综合的心理活动了。儿童进入小学高年级，随着课文内容和结构的复杂化，要求学生分析课文，归纳中心思想，段落大意，论点、论据、逻辑结构，并能用自己的语言加以再现。

这种记忆就是有意记忆，而掌握这种有意记忆的技巧不是几天功夫就会的，需要老师、家长的引导。对于小学生来讲，除了记课文以外，还有大量的生字要记，生字本身非常枯燥，它涉及到字音、字形、字义和实际运用，如果单个辩认，遗忘非常快。

早在 20 世纪 60 年代，辽宁黑山北关实验学校和北京景山学校就创造了一整套集中识字的方法，可使学生在两年内认字两千五百个，能阅读一般书刊报纸。这种方法就是运用了类似联想记忆法的道理。把字形、字音相近，能互相引起联想的字编成一组一组的。如"叮、盯、钉、订"，"请、清、情、精"等各放在一起记，每组汉字的右边是相同的，每组汉字的汉语拼音也有共性，前一组汉字的汉语拼音都是"ding"，后一组的汉语拼音后面是"qing"，这样可学得快，记得住。总之，有意记忆的诀窍就在于把"记"寓于"思"。

其次，机械记忆和有意记忆对学习都是十分必要的。机械记忆能帮助学生准确、全面地掌握知识，它在小学低中年级是一种适宜的学习方式。另外，在整个学习期间，有许多材料也只有靠机械记忆，如历史年代、口诀、定理、外语单词等。

但是，随着儿童理解能力的增强，必须学习在理解的基础上进行记忆，这样才能灵活学习和运用所学知识，才能承担比较复杂而系统的文化科学知识的学习。培养智力活动的积极性和自觉性。当然，机械记忆和有意记忆不是对立的两个方面。

人们在进行机械记忆时，也需要理解或人为联系来帮助记忆。同理，人们在进行有意记忆时，有些材料如名词解释定理等也需要在理解的基础上反复逐字逐句背诵。如"体"——"休"二字，一笔之差，容易混淆，不妨先用人为联系加以区别，可以这样理解，身体是工作的本钱，所以体字右边是个"本"字，休是人疲倦了，想在木床上休息一下，所以"休"是人旁的一个木字。这样一来，辨认也容易多了。

我国流传已久的口诀法，已有数百年历史了，珠算口诀，九九表等把一些枯燥的数字变成了张口就来的顺口溜，使人很快记住了运算规则。机械记忆也变得十分有趣了。我国的二十四个节气的顺序如下：

"立春、雨水、惊蛰、春分、清明、谷雨、立夏、小满、芒种、夏至、小暑、大暑、立秋、处暑、白露、秋分、寒露、霜降、立冬、小雪、大雪、冬至、小寒、大寒。"

这样多的内容，单靠机械记忆是难记的。我国劳动人民把二十四个节气编成了"节气歌"。"节气歌"的前两句是用缩写法编出来的，每个节气只取一个字编入口诀，提供回忆的线索，后两句用概括法编出二十四个节气平均分布在十二个月里，每个月有两个节气，上半年的节气在每月的六日和二十一日左右，下半年的节气在每月八日和二十三日左右，最多相差一两天，这样把众多的分散节气用四句话概括起来。

"春雨惊春清谷天，夏满芒夏暑相连；秋处露秋寒霜降，冬雪雪冬小大寒；上半年来六、廿一，下半年是八、廿三；每月两节日期定，最多相差一两天。"

人们一旦记住下这两句话，二十四个节气就不难记住了。记忆二十四个节气的过程，也就是将机械记忆与有意记忆灵活运用的过程。

（三）形象记忆同样占主要地位

小学儿童与幼儿一样，形象记忆与有意记忆同样占据主要地位，所不同的是，小学儿童，词的抽象记忆的发展速度超过了形象记忆。我国心理学工作者曾经以小学一、三、五年级的学生为对象，采用三种不同性质的材料（形象、具体词、抽象词）用二种方法进行检查（即时回忆，延缓回忆）发现，小学儿童形象记忆和语词记忆发展的规律如下：

1. 小学儿童对具体形象的记忆，具体词的记忆、抽象词的记忆都随年龄的增长而提高。

2. 从上述三种记忆的对比看，每个年龄形象记忆的效果优于具体词，具体词的记忆优于抽象词的记忆。

3. 从增长速度看，抽象记忆的增加速度胜过具体形象记忆，尤其在延缓重现（即长时记忆）中更为明显。

4. 儿童年龄越小，形象记忆越高于语词记忆，随着年龄增大，形象记忆与语词记忆有接近的趋势。

为什么小学儿童擅长于形象记忆呢？这与儿童两种信号系统协同活动的发展水平有关。由于小学儿童知识经验不丰富，第一信号系统仍占优势，因而与第一信号系统相联系的形象记忆必然占优势，和第一信号系统密切接近的具体的语词（如苹果——实物苹果）也发展较好，与第一信号系统关系不大的抽象词（如共产党、生产等）的记忆水平更差。

另外，与儿童思维发展特点密切相关。小学时期，正是以具体形象思维为主要形式逐渐过渡到以抽象逻辑思维为主要形式，但这时的抽象思维在很大程度上与感性经验相联系，即离不开具体形象的支持。

所以，儿童擅长于形象思维。又由于儿童期正处于由具体形象思维向抽象思维过渡的交替时期，因而具体语词的记忆的发展优于抽象语词记忆的发展。心理学家研究认为11—12岁即小学五、六年级是人一生中记忆形象图形能力最佳的时期,这一时期,学习各种概念,最好有具体形象的支持,以帮助儿童理解和回忆。

(四)怎样培养幼儿形象记忆呢?

1. 充分利用直观形象记忆法

实践证明,儿童对直观形象的东西容易记住。因此,教师和家长在传授新知识或难懂的概念时,要尽量形象化,从而提高儿童记忆能力。

如"灭"字,一位老师在教这个字的时候,做了这样一个即兴表演,在杯子里放上一个小纸团,用火一点,纸就燃起来了,再用盖子往杯子上一盖,火灭了。这样学生恍然大悟,"灭"字是火字上加上一横。同理,记"尖"字,教师将削尖的铅笔给儿童看,并儿童归纳出一头大,一头小,铅笔头朝上,即成"尖"字,即上小下大。"炎"字,可形象比喻为"火上加火好热哟"。"弟"字笔划,可编成歌谣:"一个小弟弟,梳着小分头,右手叉着腰,抬腿往前走。"

这样将"弟"字活灵活现展示在儿童面前。同理,对于一些数学定理,为了记得牢,不妨画上图,如几何中的三角形全等判断定理中有这样一个定理:"如果一个三角形的两角和夹边与另一个三角形的两角和夹边对应相等,那么这两个三角形全等。"这个定理死记不如画上两个全等三角形,一看便明白。在数学课的四则混合运算,学生往往会把顺序颠倒:有的老师和家长就用直观比喻的方法告诉他们先乘除,后加减的道理。他们在黑板上或纸上画上一阶梯，加减放在第一台阶，乘除放在第二台阶上，问学生："解题好比下楼梯，先要下哪一级？通过这样的方式，儿童便牢牢记住解题顺序了。

2. 形象与语词相结合，记忆效果更好

南京市特级教师斯霞给小学生讲"攀"字，也形象地说，一双大手抓住了陡峭山峰上的树枝和荆棘，使劲往上爬。

这种将抽象的生字与具体形象联系起来，能解除学生对笔画繁多的生字的畏难情绪，便于记忆，儿童时期，虽然形象记忆占主要地位，但词的抽象记忆的发展速度也不可忽视。抽象记忆在小学阶段是初级阶段，如果培养得当，人的抽象记忆的能力将得到最大限度的挖掘。当然，人在进行词的抽象记忆中，不可能完全离开形象的支持，比如记忆"植物"时，必然联想到具体植物；讲"热胀冷缩"的原理时，一般来讲都要做一些小实验，或带学生到工厂去参观工人的劳动，或者带学生到铁路边观看铁路铺轨之间的空隙。这是人类掌握知识的途径之一，即由概念——形象，体现了形象与语词相结合。

人类掌握知识的途径之二是，由形象——概念，头脑中储存的表象愈丰富，概念的内涵也就越丰富，如儿童在学习鸟类——鸽子、麻雀、乌鸦，野兽——虎、狼、熊的过程中，逐渐归纳出"动物"的概念，这是由直观水平上升到概念水平。人类这两种获取知识的途径都体现了形象与语词的互相结合的原理。即记忆事物的概念或语词时，必然联系到事物的形象，同样的，当记忆事物的形象时，与之相联系的语词也不断地发挥作用，只有这样，所获得的知识才深刻、持久。

（五）青少年期是有意记忆的黄金时期

1. 有意记忆占绝对优势

青少年期，可分为两个时期，一个是少年期，即 11、12 岁至 14、15 岁左右，此时，正是他们进入初中阶段，另一个是青年初期，即 14、15 岁至 17、18 岁左右，此时正是高中阶段。整个中学阶段，学习内容比起来小学来有了较大的变化，一是学科门类显着增多，由小学的几门课程增加到十多门课程，各学科的内容的深度和广度也大大增加了；二是各学科的知识已接近于科学体系。其中包含了关于事物的一般规律和抽象原理。这样，主动、自觉地学习和记忆是他们取得优良成绩的保证。刚进入初中的学生，对待学习还有小学生的特点，凭兴趣学习和记忆。

当然，在教师教学的影响下，他们的有意记忆开始占据主导地位，尤其是初三至高中阶段，有意记忆占据绝对优势。一般说来，青少年的有意记忆的发展也有一个过程。

刚开始，由于学科性质不同，科任老师要求各异，学生往往不知应该记什么，采取哪种方法记忆更为有效。所以，给学生提出明确的记忆任务，如数学和物理的公式、定理，历史课中的历史年代等应要求逐字逐句记住；而数学中的推导过程，历史事件的分析、评价等只需记住主要线索；物理、化学实验应理解其实验步聚、方法，会分析结果；语文课中课文应部分记住或全部记住，等等。

这样，学生的记忆任务明确了，记忆才有效。随着年龄增大，老师已不可能具体明确的布置识记任务，学生通过上课认真听讲，专心记笔记，已逐渐学会为自己提出记忆任务，并善于用不同的记忆方法。观察发现，许多优秀学生，其记忆的一个显着特点是不仅善于根据不同的教材为自己提出不同的识记任务，并且善于自觉地控制自己的识记过程和检查自己的识记效果，记忆方法恰当。

他们在学习中，能根据自己的实际情况，给自己提出一个记忆的目标，充分利用有意记忆。如老师今天教了 10 个英语单词，优秀学生们就要求自己"今天必须记住 10 个英语单词"，通过读、写、用的过程，分析这些单词的特点，努力记住他们。反之，不善于学习的学生只会口中喃喃自语，漫无目的地读，恰似那"小和尚念经，有口无心"。徒然花去了许多宝贵时光，生词仍然是生词。

对自己提出"必须记住"的任务，还应包括准备记多久，记忆准确到什么程度。如果仅仅为了应付老师的提问和作业，为了应付考试，那么记住的东西事后会忘得一干二净。虽然复习中花费了相当多的时间，但考试完以后，把知识全部或部分还给了老师，这种学习肯定是无效的学习。

有意记忆还包括采取何种记忆方法问题。如初中物理，其概念、公式都是从生活中的物理现象中总结出来的，不需要死记硬背。

有的同学在记梯形的面积公式时，也很善于用记忆方法，其中一种有效的方法是自己动手做一做。方法是拿两张纸，动手剪两个一样大的直角三角形和一个同样高的长方形，然后把这三个图形拼拼拆拆，自己通过计算推算出公式。

梯形面积 =（长方形的两个边长 + 两个三角形底边的和）/2 × 高

= （梯形上底边长 + 梯形下底边长）/2

= 梯形中线的长 × 高

这样，通过自己亲自动手摆弄、计算，梯形的面积公式便牢牢记住了。

有的同学在学化学时，其实，不大喜欢化学实验，做实验是通过实际的操作过程，通过看各种光、色，闻各种气味，尝各种味道，眼、耳、鼻、口、手全都动员起来参加记忆，这样留下的印象比机械背诵化学符号、公式印象深刻得多。

根据专家统计，人从外界吸收的信息，大约85%是通过视觉记住的，11%是通过听觉记住的，4%是通过触觉、嗅觉和味觉记住的。

生活中我们也有这样的体会："百闻不如一见"，"好记性不烂笔头"，这从一个侧面反应了视觉较之听觉的重要性，同时也说明了记忆离不开多种感官的作用。

总的来讲，整个初中阶段，一个重要的变化就是学会主动提出识记任务，采取有效方法学习和记忆各门学科的主要内容，到了高中阶段，由于学科目的更为明确，学习负担更加沉重，因而能否为自己提出长久的识记目标，并采用有效的方法参加学习，这是完成学习任务必不可少的条件之一。尤其是记忆方法的选择直接影响学习效率的提高。怎样学习记笔记，怎样编写提纲，怎样提高记忆效率，已经是他们自觉的行为，当然，成人的及时点化也是非常重要的。

2. 有意记忆的能力加速发展

心理学研究表明。13－16岁，有意记忆有加速发展的趋势。事实上，这一年龄阶段，正是初中阶段，此时，教学上对学生的有意记忆提出了更高要求，要求学生对记忆材料进行逻辑加工，要求学生把课文按段意分段落，把每一段标上一个小标题，有时要求学生用图表采表示各部分约关系等等，并在此基础上记忆。

上述活动都要求学生通过自己的理解并借助于语言来掌握教材

内容。另一方面，从学生思维发展来看，抽象逻辑思维日益占主导地位，但在初中阶段，其思维在很大程度上属于"经验型"即思维在很大程度上离不开具体的直观感性材料的支持。因此，教师在讲解各科内容中，都应列举大量直观材料以帮助学生更好理解教材内容，以便帮助学生更好地有意记忆。

如讲解物理、化学的知识，就需要通过实验，让学生亲自观察到物理现象和化学变化，讲解数学中的"垂直"概念时，学生往往以为两条相交的直线，一条与地面平行，一条与地面垂直才是互相"垂直"的，如果老师不多举一些公式，如两条垂直的线斜画于纸上，他们就难理解，也就分不清事物的本质和非本质的规律，那么记忆中就很难全面而深刻掌握抽象概念。

正是以上两个原因，初中生的有意记忆能力沿着智力化的方向发展，到高中阶段，有意记忆占绝对优势。20—25 岁左右，有意记忆的能力达到顶峰。有意记忆的效果胜过机械记忆，这是不可否认的。

曾记得上中学时，老师讲泰国的首都是曼谷，可曼谷的全称是："共台甫马哈那坤奔他娃劳狄希阿由他亚马哈底陆浦改劲辣塔尼布黎隆乌冬帕拉查尼卫马哈洒坦"，共 41 个字，地理老师非常流利地背出了这 41 个字，学生们在惊叹老师记忆力的同时也跃跃欲试，试图背诵，可就这 41 个字化费了同学们许多时间，同学们仅仅是读熟这 41 个字而已。

相反的，面对长篇论说文，古文、长诗，散文，不知有多少 41 个字，同学们却一点也不含糊，很快记住了。这就看出有意义的是内容易记忆的。因为它是在过去经验的基础上通过积极主动的思考去记忆即有意记忆。而泰国的首都曼谷的全称是由那样一些毫无意义联系的单字组合在一起，既无法理解，也难找出内部联系，只有靠机械重复来强记，所以记忆的效果大不一样。

对于初中生甚至高中生来讲，其思维水平已逐渐由经验型向理论型过渡，他们完全有能力去理解，去找出事物之间的内在联系。比如古文，如果把古文中的实词、虚词弄懂了，把全文中心意思弄懂了，这时，再反复吟诵，印象深刻得多；反之，象背天书一样，非常吃力。地理课，其地名和地理位置的确难记，但事实上，有些地名本身就说明了他的位置，只要弄懂这些地名的含义，记起来就容易得多。

例如：古人常把山的北边，水的南边称为阴，那么显然江苏的江阴在长江以南，山东的蒙阴在蒙山以北。记我国的省市名称，人们把它们总结为两句话：

"两湖两广两河山，三江云贵吉福安；
双宁北上四台天，新西黑蒙青陕甘。"

用这两句话就将中国的省市名称联想起来了。识记中国近代史上的重要历史年代，也可将这些历史年代一一罗列出来，加以分析，不难发现它们之间的内在联系。

如：鸦片战争发生在 19 世纪的上半世纪的前十年，即 1840 年，太平天国起义爆发于鸦片战争的十年以后即 1851 年，鸦片战争到 20 世纪的开始正好是 60 年，太平天国起义到辛亥革命也正好是 60 年，这样可推知辛亥革命是发生在 1911 年，在辛亥革命的第四年，是第一次世界大战爆发即 1914 年，在第一次世界大战后的第四年，是十月社会主义革命成功，即 1917 年，在十月社会主义革命的第二年是第一次世界大战结束，即 1918 年，第二次世界大战结束的第二年发生了五·四运动，即 1919 年，五·四运动的第二年，即 1920 年，中国先进分子组织了马克思主义学会和社会主义青年团，又是第二年，中国共产党正式成立，即 1921 年。

这样就用人为的办法把中国近代史上的 6 个历史年代记住了。把数字转化为文字以帮助记忆这也是常用的记忆策略之一。

例如："圆周率 3. 1415926……"靠机械重复，容易记错，但如果将这串数字这样记忆：

背景："我"作为一个父亲，对于儿子的堕落，由自暴自弃到想法挽救，最后成功，和家团圆。

方法：读音＋形状……

白话＋古文……

（儿子＋堕落）

山颠一寺一壶酒，（3. 14159）

儿乐，苦煞吾。（26535）

把酒吃，酒杀儿。（897932）

杀不死，乐而乐。（384626）

（父亲对儿子放弃希望）

死了算罢了，儿弃沟（43383279）

吾痛儿，白白死已够戚矣，留给山沟沟（502884197169399）

山拐吾腰痛，吾怕儿冻久，凄事久思思。（375105820974944）

（接下来开始挽救儿子了……）

吾救儿，山洞拐，不宜留（592307816）

四邻乐，儿不乐，儿疼爸久久（40628620899）

爸乐儿不懂，"三思吧！"（86280348）

儿悟，三思而依矣，妻懂乐其久……（253421170679）

同理，中学物理的万有引力常数：$G = 1/15000000$，分母的几个零不易记，可仔细一分析，可发现，分母的前两个数之和恰好等于后面零的个数，这样互相提示便记住了。

总之，有意记忆本身并不神秘，它的基本点就是尽可能建立各种联系和线索，即把所需记的材料与已经熟悉的事物联系起来，或把数字转化为文字。

这对于中学生来说并不难做到。

四、有意记忆在青少年学习、成长过程中的意义

有意记忆对青少年学习、成长有多方面的意义。

(一) 学习新知识需要有意记忆

每一门学科都有它自身的体系，而学习其体系中的任何一部分知识，一般都是通过对现象的观察与分析，逐渐上升到本质的认识，其分析必然要经过由浅入深、由少到多、由简到繁的过程。这样，如果青少年在学习过程中没有对旧知识的牢固记忆，一切都从零开始，那要掌握的新知识就将是极其困难甚至不可能的，更谈不上巩固新知识了。

也就是说，任何人要学习新知识都必须有旧知识做基础，才能掌握新的知识。而新旧知识的联系和储存却正是有意记忆的功能。

(二) 有意记忆与提高学习效率的关系

青少年的学习要求在有限的时间内掌握相当数量的知识，这就涉及学习的效率问题。在其他条件相同的情况下，一个人记忆力的强弱，显然对其学习效率有着直接的影响。一个记忆力强的人，在

单位时间内能够准确记下的内容较多，使他有可能学到更多的东西，这就意味着他的学习效率高。相反则效率低。

（三）有意记忆在考试中的作用

有意记忆在日常生活、人际关系、能力的培养中的作用是十分明显的。一个人假如记忆力差，在日常生活与工作中常常丢三落四，把重要的事情忘得一干二净，则他的工作显然不会出色。有意记忆在高考或中考中具有怎样的地位？

现在我们再从量的方面对这个问题进行研究。假设甲与乙具有同等的高考应试水平，并且成绩都是中等，即假设他们在以往的考试中成绩是不相上下的，他们都参加高考，但甲是开卷考，而乙是闭卷考（时间还是一样），那么甲比乙能多拿几分呢？

根据考题的记忆量与时间量分析，我们得出结果，数理学科甲比乙每门可多拿20、25分，语化英学科甲比乙每门可多拿20－30分，而政治历史学科甲比乙每门可多拿20－40分（当然，这里假设甲乙在闭卷考试时，考试成绩均离满分有较大的距离）。总分甲比乙可多拿100－180分，条件仍如上，但甲的考试时间可以相当充足，则根据考题的记忆量分析，总分甲比乙可多拿150分以上。

显然，在这两种情况下，甲与乙考分上的大差距在于高考中有相当数量的题目是与有意记忆有关的，是由考查记忆能力而造成的。

（四）有意记忆对增长品德亦有作用

一个人形成和完善品德，包括提高道德认识、加深道德情感体验和养成道德行为习惯诸方面。而这每一方面都以有意记忆作为基础。例如：一个有高尚道德修养的人，总是以社会最高利益为标准而指导自己的行动。而社会的最高利益则是以认识的形式，个人深刻而肯定的情感体验，以及合乎规范的行为习惯的记忆为依据的。

（五）有意记忆使动作和技能的系列得以连接

动作与技能是人们适应环境、从事学习和工作必不可少的活动方式。每一种动作和技能都有其自身的系列。这种系列靠有意记忆才得以连接。因此，无论学习还是应用动作与技能，也都是以有意记忆为前提条件的。

（六）与人交往和参加活动不能缺少有意记忆的参与

学生与人交往和参加活动。既具体完成着交往与括动的任务，也是思想情感乃至品德的交流与锻炼，增长着知识、才干和品德。在交往与活动之中，需要记住交往与括动的目的和任务；需要应用有美的知识和技能；需要记住交往者的面孔和其他重要外部特征，以及交往者的某些重要的心理特征；需要记住自己要向交往者通报什么事，以及交往者告诉自己什么事；还需要记住和使用礼貌用语及遵守其他有关的行为规范等等。如果不能记忆这些基本情况，将闹出种种笑话来，至少是浪费时间。可见，青少年在交往中也是需要有意记忆的。

综上所述，记忆是青少年学生必不可少的条件、工具和武器。作为学生，它是须臾不可离的"忠实朋友"。

五、影响中小学生有意记忆效果的因素

中小学生有意记忆的效果受多方面因素的制约，这些因素直接

或间接影响到记忆的效果，认识并正确利用这些因素，对提高记忆
的效果有着重要的作用。

影响有意记忆效果的主体因素

（一）用脑卫生

有意记忆本是一种复杂、紧张的脑力活动，它需要健康的生理
条件作为基础。人脑虽只占人身体总重量的3%，但它却需要全身氧
气的20%，血流量的60%。就生理条件而言，应在一般身体锻炼的
基础上，注意头部及与头部有关的运动锻炼，包括做脑保健操以活
动头、颈部和四肢。

记忆是脑细胞的活动。大脑是心理、思维和意识的物质基础。
如何科学地使用大脑，对提高大脑的工作效率和加强记忆力有着非
常密切的关系。

（二）情绪状态

情绪是影响智力活动的重要因素。记忆效果的好坏，在很大程
度上取决于一个，人在记忆时的情绪怎样。

1. 人的情绪，大致可以归纳为两类

一种是不愉快的情绪，包括愤怒、焦急、害怕、沮丧、悲伤和
不满。这种情绪对人体的器官、神经，肌肉和内分泌腺刺激很大，
既有害健康，又影响大脑的记忆功能。

例如：在发怒时，血压急剧升高，心跳加速，红细胞数目激增，
消化系统发生痉挛；在极紧张、不舒适、焦虑或忧伤情绪状态下，
其神经活动的兴奋与抑制水平常常是不平衡的，或容易因抑制和干
扰而削弱乃至中断记忆，因而看书犹如过眼烟云，印象极其肤浅，

常常是转瞬便忘，记忆效率极低等等。

在各种不良情绪中，以焦虑对于记忆的影响最大，焦急和忧虑可以使人心神不定，注意力分散，它对识记过程起着很大的阻碍作用、并直接损害脑的工作。

另一种是愉快的情绪，它包括希望、快乐、勇敢、恬静、好感、和悦和乐观等。青少年在平静、舒适、愉快、适度放松（注意，不是绝对的放松）的情绪状态下学习，留下的痕迹深刻，记忆效率就高。这是因为，在这种情绪状态下人的神经活动兴奋与抑制水平适度，并且这种情绪能够使人体的各种生理机能活跃起来，精神焕发，精力充沛、产生强烈的求知欲，使大脑的工作状态优化，大大提高大脑的工作效率和记忆力。

因此，要提高复习的效率，应该有一个健康乐观的精神境界，要控制不愉快的情绪，经常保持平稳乐观的情绪，心胸开朗，不计较小事情，要有一个明确的学习目的，要有远大的理想。这样，才会精力集中，情绪稳定，为学习创造有利条件。

实验还发现，在愉快与不愉快两种不同心境下进行识记和回忆的效果是不同的：识记与回忆同心境，回忆成绩好；识记与回忆异心境，回忆成绩差。这是因为，人的身心条件本身也是记忆的一种环境条件，而环境条件对记忆效率是有影响的。

2. 调节情绪可增强有意记忆

良好的情绪可激发脑肽的释放，生理学家认为脑肽是记忆学习的关键动力。而兴趣则是使人精神振奋；积极乐观，则会起到调节情绪的作用。

当心绪烦躁的时候，忽然从收音机里传来了幽默风趣的相声，你会不知不觉地被逗乐了，这就是直接兴趣对情绪的调节。

在工作中遇困难、情绪低落、信心不足的时候，只要是想起自己所做工作的意义，便会鼓足勇气，无论如何也得想办法克服困难，这就是间接兴趣对情绪的调节。

由此可见，提高记忆效率的要素之一是情绪。对某学科、某识记材料的兴趣，可在大脑皮层中形成兴奋优势中心，调动人的主观能动性去挖掘内在的潜力。

把记忆当作一件有趣的事，识记效果就会明显提高。兴趣可以有效地集中注意力，对记忆产生促进作用；有效地减慢遗忘的速度。

因此，在记忆过程中，培养自己的兴趣或使识记材料变得有趣味，是增强记忆力的关键环节之一，是必不可少的条件之一。

爱因斯坦在学小提琴时体会到：渴望着把异常优美的乐曲表达出来，就逼着自己提高演奏技巧，对那些枯燥的乐谱也就容易记住了。他认为，"热爱"是最好的老师，它永远胜过责任感。

3. 干扰因素

在学习和记忆两种材料时，其相互之间会发生干扰作用。先学习的材料对记忆后学习的材料所发生的干扰作用称为前摄抑制；后学习的材料对记忆先学习的材料所发生的干扰作用称为倒摄抑制。两种抑制都会降低记忆的效果。

其中，倒摄抑制比前摄抑制的作用更大。在一个较长的材料中间部分，由于既有前摄抑制，又有倒摄抑制，故其所受到的降低作用最大。但抑制又与材料的性质及其他多种因素有关。

它们是：

（1）材料性质或内容相同，后面即是对前面的复习，其促进（提高记忆效率）的作用最大，干扰的作用最小。

（2）材料性质或内容相异，材料本身无干扰，但连续长时间记忆，大脑产生疲劳也会降低记忆效率。

（3）类似材料，既相似又不相同的材料干扰最大，促进的作用最小。

如何避免由于抑制而产生的干扰呢？

可从以下几点着手：

（1）两次学习之间应有间隔时间（包括课间应有休息的记忆的时间）。

（2）相似的材料不连续记忆。

（3）起床后无前摄抑制，睡觉前无倒摄抑制，因而起床后和睡觉前是一日之中记忆的黄金时段，故应充分加以利用。

（4）一个较长材料应在中间部分多下工夫。

（5）不同性质的材料，如文字、数字、图形材料可交替学习。更广泛意义上的干扰，则是指环境中无关因素的干扰，如嘈杂、喧闹声的干扰。这一点在下述环境因素中还将谈到。

4. 有意记忆的环境（场合）因素

在学习与记忆时，一般人都喜欢安静的客观环境，这是可以理解的。但每一个人都有在喧闹声中辨认自己亲人呼喊的经验，一对恋人也可在乐曲伴奏之下聆听对方的窃窃私语，所以，除非是绝对强烈的环境干扰，一般是无碍于记忆效率的。

因此，对有意记忆效率而言，不应将环境因素作为完全否定的因素。况且记忆有识记、保持和回忆与再认等环节。人们常常只注意了学习与识记时的客观环境条件，却忽视了回忆与再认时的客观环境条件。在识记时，一般来说，相对安静的环境条件有利于提高识记的效果。人们常常忽视需要回忆与再认时的环境条件，或干脆将其作为消极干扰因素。其实这是十分片面的。

有实验证明，客观环境条件对回忆与再认的成绩有不同的影响：

（1）学习与回忆同场合，较异场合效果好。

即学习时为安静场合，回忆时也为安静场合的记忆效率，高于学习时静场合，回忆时为乐音或噪声场合的记忆效率；反之亦然。

（2）不同声音（无论乐音还是噪声）的异场合并不比有声音与安静的异场合的负作用大。

（3）安静的同场合并不比安静与有声音的异场合效果好。人们考察出现上述情况的原因时指出，有声音干扰固然可能降低识记的效率，但声音干扰本身又可能成为回忆与再认时的一个线索，因而提高回忆与再认的成绩。

由此看来，环境条件（场合）对有意记忆实际具有双重的影响作用。

因此，除非是强烈、严重干扰，不必过分强调环境条件的绝对安静，这才是合理的。环境条件还应包括噪声、光照明度与温度等。很显然，在噪声、强光和弱光及高温和低温条件下，都是不利于学习和记忆的。但当特殊需要记忆时，即使在这样的条件下，人也还应当而且可以发挥自己的心理能动作用，以提高记忆的效率，而不应做环境条件的奴隶。

许多学有成就的人，常常就是在极其艰苦的条件下，以极其惊人的毅力克服难以想象的困难而坚持学习的。他们在发挥主观能动性方面，是我们的榜样。

5. 材料系列的长度与呈现时间的长短

当识记一个材料时，到底是快速识记效率高，还是慢速识记效率高？

这就是呈现时间长短的问题。人们常常以为，快速识记可在单位时间内增加识记（复习）的次数，其记忆效率必然高。但研究的结果却证明，当识记一个系列材料（如10或20个词的材料），呈现的时间即识记系列材料中一个单元（如一个词）的时间，由1秒延长到5秒时，其回忆量是随年龄而提高的。

其中，小学生可提高7.35%；中学生可提高11.30%。由此可见，识记（即阅读）的速度不是越快越好；适当的慢速，其记忆的效率会更高。当然，这是就整个系列都需要记忆而言。但通常我们的阅读还是提倡快速的，而且通常也并不需要将全部系列都记忆下来。

那又怎样处理识记（阅读）速度与记忆效率这对矛盾呢？

其实，只要区别泛读和精读就可解决。可以按照"泛读宜快，精读宜慢"的原则处理。当泛读中发现需要记忆的关键内容或词汇时，就应该放慢速度，给需要记忆的内容以巩固（编码）的时间，二者是可以兼顾的。

材料系列的长度即适宜一次记忆的材料长度。实验表明，记忆材料的长度与记忆的效率成反比：材料系列长，其效果差；材料系列短，其效果好。

这就告诉我们：每次记忆系列材料应有适当的长度。其实，它与前述整体记忆和部分记忆是同一个问题。此外，大家还可以想一想：数理学科需要记忆的单元内容一般有多长？

这不难想到。数理学科的单元，大多以公式、定律的形式表示出来，其长度都是较短的，因而采用整体记忆是相宜的。需要背诵的语言材料，一般以一次记忆一二百字为宜。

6. 复习与过度学习

复习有集中与分散之别，这是指复习的时间是集中使用还是分散使用。凡不间断学习与记忆时间者称集中复习；凡是间断学习与记忆时间者（中间有休息）称分散复习。

其效果与学生的学习能力、教材的性质、难度、分量等多种因素有关。相对而言，学生学习与记忆能力高，内容是解决问题和有意义的学习，数量较少，难度较低者，适宜采用集中复习；反之，则适宜采用分散复习。

一般认为，较理想的记忆时间单元是 10—45 分钟之间。过度学习是指超过熟记程度的学习。即在熟记（达到100%）以后，再增加记忆的次数，使其达到更高的熟记程度。

依据德国心理学家克鲁格的一项研究，大体上以达到150%熟记程度的记忆效率最佳。超过150%以上，其效率就递减。在背熟了以后还继续背，适当增加熟记程度，正是应用过度学习规律的明智选择。

这里说"大体上"，是因为还有材料性质和理解程度及年龄等不同因素的影响，应当区别对待才合理。复习中还有一个时机问题，即什么时机复习效果最佳。前已指出，依据记忆的基本规律——艾宾浩斯遗忘规律，未忘之前及时复习应当是复习的最佳时机。

从识记以后立即开始复习，一直复习到完全牢固为止，即在未忘之前就开始复习。可以在前期进行密度大、次数多的复习；后期进行密度小、次数少的复习。这就叫"先密后疏"的复习，实践证明，效果最佳。相反，如果在已忘之后才进行复习，那就等于重新学习，事倍功半。此外，人们在一天的学习中也有一个时机问题。这是指是否充分利用每天有利于记忆的黄金时间。

据研究，人体受"生物钟"的制约，一日之内有四个学习与记忆的高潮时段：第一是清晨起床后一小时；第二是8：0—10：00；

第三是18：00—20：00；第四是晚上临睡前。在这些时段内学习和记忆，其效率必然提高。

六、增强有意记忆的因素

（一）培养记忆的兴趣是前提

德国大诗人歌德说过："哪里没有兴趣，哪里就没有记忆。"所谓兴趣，指的是人们积极探究某种事物的认识倾向，它与人们的需要密切相关。人饿了，就会对食物感兴趣；人困了，就会对睡眠感兴趣；爱打扮的姑娘对服装感兴趣；爱打球的小伙子对球赛感兴趣……这是人所共知的。

正是因为有兴趣，东汉时的科学家张衡才能整夜整夜地数星星，然后绘成星图；法国昆虫学家法布尔才在骄阳下连续几小时观察昆虫……心理学研究证明，兴趣可以引导人们不断进取也能够帮助人们加强记忆。

原因何在呢？

首先，兴趣会在大脑皮层中形成优势兴奋中心，使脑神经处于积极的工作状态，这样，不但不会认为记忆是什么负担，反而会处于一种陶醉或享乐之中。

其次，兴趣会使人集中注意力，对识记材料保持注意的时间大大延长。同时，兴趣还能引起我们对事物的认真观察和积极思考。问几个为什么，求一求所以然。

再次，人们在兴趣盎然时往往表现出良好的情绪可以激发脑肽的释放。科学家们认为，脑肽是记忆活动的关键性动力。

人们对于自己所关心的事物，往往能够毫无困难地记住。小学生能够将上学途中所见到的玩具店名记得一清二楚，除了因为儿童的脑部活动比较活跃外，更重要的是他们对玩具充满了好奇心。

相反的，一个每天赶公共汽车上下班的人，对于窗外的街景却没有丝毫的印象，这就是因为他没有抱着有兴趣的心情去欣赏。因此，有意记忆的先决条件就在于引起兴趣。

美国有一种开放式的小学，把教室的墙壁改装成能够自由移动的装置。有些地方，甚至连课桌也不用，完全让儿童依照自己的想法去计划、去读书、去选课。实行这种方法的结果是，使儿童在理解和记忆方面的能力提高了很多。

曾经有一位小学生家长发现了这样一件怪事：自己的孩子平时总是背不出课文，棋却下得很好，他甚至有这种本事：不看棋盘能同时和两个人下两盘棋，而且获全胜。对于这两盘棋的每一步他都记得很清楚，能在棋局结束后把两盘棋一一恢复起来重走一遍。他虽然背书很慢，可是背起象棋棋谱、围棋定式，似乎有"过目不忘"的本事，记得很快、很多、很准。原来这个学生对下棋很有兴趣，像着了迷一样，甚至在放学路上见到别人下棋，也能在旁边站上半天，以至忘记了暮色降临早该回家了，这位家长从下棋的事情上发现这个孩子一点也不笨，只不过是学习兴趣不足而已。经过启发教育，激发了他的学习兴趣，果然他在背课文、记单词方面同样显露出很好的记忆才能。原来，他背课文记不住是和他对学习不感兴趣大有关系的。

我们也许都有过这样的情况：有时与人家约会，可能到时却因忘记了而失约，可是与朋友约定时间去看电影，在一般情况下是绝不会忘记的。为什么我们容易忘掉某些事物，而另一些事物又不容易忘掉呢?

拿与人家约会和与朋友约会看电影这两件事就可以说明:有兴趣的事物容易记忆,没有兴趣的事物容易忘却。这即是说:对象愈有兴趣,愈是容易记忆。

当代许多教育心理学家都十分重视学习兴趣的培养,他们认为,当一个学生对于所要学习和记忆的内容有浓厚兴趣的时候,大脑皮层会产生兴奋优势中心,学习和记忆就会更加主动积极,不但不会感到这是一种负担,而且饶有兴趣,效率很高。兴趣是学习的挚友,是发展记忆力、观察力、创造力等等多方面能力的动力。因此,有意识地培养孩子的学习兴趣,对提高记忆效果有莫大的帮助。

既然兴趣对记忆有增强作用,那么,怎样才能培养对识记材料的兴趣呢?

下面介绍一个简单的方法:在开始学习自己不喜欢的课程时,要主动表现出一系列形体上的动作和精神上的兴奋。比如:高兴地搓搓手,体会一下快乐的感觉,再微笑着对课本或其他识记材料说:"我喜欢你。"不过,这种作法需要养成习惯后才能见效,就是说,你要坚持做一段时间,至少需要 21 天。

在心理学中,兴趣可分为有趣、乐趣、志趣,它们虽然都有助于记忆,但又各不相同。有趣常常是稍纵即逝,一笑了之;乐趣则常常表现为"乘兴而来,兴尽而返",靠客观事物的诱发而产生;志趣则带有目的性和方向性,是最高级的形态,它可以使人如醉如痴,废寝忘食。所以,我们应该使自己的兴趣不断升华,把它与志向结合起来,从而让它在记忆中发挥更大的作用。如果兴趣被暂时的干扰因素抑制时,可以用诱导法排除。

当注意力难以集中,兴趣调动不起来时,可以学学马克思——

立刻做微积分习题；可以学学果戈里——反复在纸上写一句话；还可以默数钟表的滴答声。总之，千方百计造成诱发记忆兴趣的客观条件。

居里夫人说："科学研究本身就包含着美，其本身给人的愉快就是报酬，所以我在我的工作中寻得了快乐。"可见，越是认真深入地学习某一门课程，越是热爱和了解它所特有的结构和联系，以及它的历史、现状和将来可能的发展，就越能激发对这门学科的热爱和兴趣。因此培养和保持孩子的学习兴趣，一定使他有钻进去的决心。

空怀壮志，浮在表面，即使起初有些兴趣，最终也会消失，记忆也就成了负担，那怎么能记得住呢？在学习和记忆的过程中，人们感到兴趣索然，难于记忆的内容，往往是那些根本不懂得或知之甚少的东西。

除了在知识内部去发掘和寻找、培养对学习、对各门功课的兴趣外，我们还可以在学习方法上想一些主意，利用兴趣对记忆的推动作用来加强记忆的效果。比如学外语，家长与孩子之间，或者同学之间可以结成对子，经常用外语对话，即使由于生疏闹出笑话来也没有关系。有意识地让孩子运用已经学过的句型和单词，既可以提高兴趣，又巩固了记忆外语知识居然能够派上用场的时候，学习热情会更加高涨。学习数学，可以进行速算竞赛、智力测验来巩固已有知识。

玩扑克"二十四码"，紧张而有趣，这不但可以无形中加深对乘法口诀的记忆，而且还可熟悉四则运算的种种变化。在游戏中记忆这些内容丝毫也不费力。除了以上所举的例子之外，还有一些幽默的语句、俏皮话、打油诗等等，都可以加强对记忆对象的兴趣，使记忆任务变得轻松起来。

兴趣固然是记忆的源泉，但是，要让一个孩子对他所讨厌的科目发生兴趣，也不是一件容易的事。遇到这种情形，可以请担任该科目的老师，或该科目成绩特别优异的学生和您的孩子谈谈，因为他们对该科目有着很浓厚的兴趣。从彼此的交谈中，很可能会发现他对于该科目疏忽的地方，甚至可引发他对该科目的兴趣。虽然这仅是一点点的兴趣，但是它就像滚雪球一般，能使他的求知欲不断增加，进而帮助他大量地吸收知识，提高有意记忆力。

例如：在学英语的时候，选用有故事的读本比选用古典散文或深奥的哲学读本容易记忆，而且进步也较快。这是由于兴趣对记忆力有很大的帮助。再如英语单词中的"love"（爱），"kiss"（接吻）、"wife"（妻子）等，是最容易记的，这是因为青少年对于恋爱和结婚都有着美丽的憧憬的缘故。

由此可知，在记忆过程中兴趣起着很大的作用。我们深感兴趣的事物，便易于记忆，这因为有了兴趣就能够集中意识，因此记忆比较容易。从这一点来说，我们对于要记忆的事物兴趣不高的时候，就要注意激发起自己的兴趣来，在必要时，可以借助于想象力来制造兴趣。我们对于所有一切要学习的事物，都应该运用想象力，使自己对于他们发生兴趣。就是人名、号码等单调的事物，使用了这样的方法去记忆，结果也是很好的。

（二）记忆的动机是关键

记忆的动机越强，对事物的记忆越是容易。关于这一点，后面的两种情形，哪一种容易记忆，你是不难判断出来的。

情形一：你利用每天空闲时间，规定自己一日学习英语会话十句。

情形二：你在三个星期后，要参加一场就业考试：你应考的那家企业，在纽约、伦敦、新加坡等处都设有分行，被录取的人将派在各分行服务，所以规定英语说得好的人可优先录，那么你在这三个星期内，每天非要学习英语会话不可。

在上述两种情形中，第一种情形因为你没有十分迫切的需要，动机自然较弱。但第二种情形就不同了，它和你有切身的职业问题关系，促使你不得不拼命地下工夫，跟着也促进了你的记忆。这，不仅说明了动机对于记忆的重要，而且显示出动机好像是一股推你向前的动力。

所以，动机越是强烈，要记忆的意图也越强烈，而所要记忆的事物也就能够很好地记忆起来了。

在这一意义上可以说，所有学习和有意记忆的基础都是建立在动机上面的。如果没有十分强烈的动机和明确的目的，想记忆一些事物是不容易的。

所以，有了明确的目的，再能保持强烈的动机，学习和记忆的效率就会大大地提高。有人曾向你借过 5 元，又有人向你借 500 元，你可能忘记了借 5 元的那一个人的姓名，但不会忘记借 500 元的那个。这就是因为要记忆那个借 500 元的人的姓名，他事实上对你于金钱上有较大的关系所致。

由于动机或目的的原因促使加深对事物的记忆或提高工作效率的事情，就以写日记做个例子吧，一般人写日记，开始的两三天总可能是理想地写出，但三天或一个星期以后，就渐渐把开始时的劲头消失，内容一天一天地简略了。这是由于我们普通人写日记时，并没有什么强烈的动机和目的的关系。可是，执笔写文章的作家们，因为有强烈的目的，便会十分正确而且周密地把日常经历的事物记忆着，并记录在日记里，始终保持不辍。作家们写日记的动机，由于和我们一般人不同，所以在日记里所写下的记忆的事物要比我们普通人多而详细。

从许多实验中，证明了奖赏比处罚更能促进人的记忆。假使你记忆着一件事物而有相当的报酬可得的话，你会更加努力地去保持你的记忆，因为这种记忆是有特别的意义的。我们在学校里学习过的东西，离开学校便往往会忘记了。这因为在学习的时候，我们的意图只在于考试能够及格，以考试作为动机。因此，在考试过后，我们多数的人自然就会将所学过的东西忘记了。这样的学习，由于欠缺求知的目的，所以只可说是为考试而学习罢了。因此，在增强记忆的二十条定律中，第三条是：记忆特定的事物，必先要有强烈的动机。

（三） 记忆的意图是保证

我们要增强记忆力，如果太看重技术，而忘却了意识的作用，也是不行的。

人不管做什么事，都具有某种目的。这个目的，就像是射击场上的靶子，又像是打猎场的猎物，是人苦心积虑要追寻的目标。

这个目标，诱惑着人，引导着人，使人步入更高的境界。同样，家长必须使孩子清醒地意识到，自己的学习总是有一定的目标的，这是成功地改进记忆效能的一个前提和基础。

心理学家曾做过这样的实验：被试者分 A 组和 B 组，让他们在同一块麦地里开展割麦竞赛。A 组在左边，B 组在右边。两方参赛人数及麦田面积完全相同，惟一不同的是，A 组这边的田埂上，每隔一米就树立一面红旗，而 B 组那边则没有。

两组竞赛者同时开始割麦，但结果却不同。有红旗的 A 组，其劳动速度远远快于 B 组。此外还发现，A 组的参赛者越是靠近终点，其速度越快，其效率越高。

第二天又做了一次同样的实验，不过，两组正好调了个儿：这次，B 组在左边，有红旗作标志；A 组在右边。结果不言自明，B 组的劳动速度、效率都超过 A 组。

实验表明，所要达到的目标越近，其目标的驱动力也就越大，就像磁铁，铁屑距它愈远，吸引力愈小，相反，铁屑距它愈近，吸引力愈大。心理学家还做过一个实验：先请一位跳高运动员在空地上凌空跳跃，然后测出其腾起的高度；之后，再请他在跳高场上跨跃横杆。其实，横杆的高度与凭空腾跳的高度一样，后来，每跃过横杆一次，就增加一点高度。结果发现，跨跃横杆要比凭空腾跳高得多；最后，又请他一次性跨跃他跳过的最高限度，结果失败了。这个实验说明，有目标（如横杆）比没有目标要好；确定一个个近期目标（横杆一点点升高）比上来就向长远目标冲击（一次性跨跃最高限度）要好。

再比如长跑运动员，每个人心目中都有自己的目标，那就是：每一次都希望超过自己的最好成绩；每次都渴望刷新世界纪录。超越自己，是近期目标；打破世界纪录则是长远目标。随着自己的纪录和世界纪录的不断刷新，他的长跑速度也就越来越快。

那么，如何确立记忆的近期目标呢？

关键是要学会安排记忆进程，把长远目标划分成若干不同的近期目标，一个一个地实现，一个一个地跨跃，每当达到一个近期目标，就能增强信心，改进记忆效能，提高记忆速度。当达到了所有的近期目标后，苦心积虑所要追求的长远目标也就胜利在望了。而对长远目标的靠近，无疑会更强有力地刺激记忆效能，从而更有效地提高记忆能力。

例如：当我们在想一个英语单词，却是无论怎么想也想不起来的时候，研究为什么想不出来的原因，自然会发现不是技术上的问题，而是缺乏对于那单词记忆的意图。因为我们在学习的时候，可能侧重了文法的结构，或是侧重了翻译方法，虽然能够记得出一段较长的文字，但对个别的单词就可能没有印象了。因此，要记住一个英语单词的话，首先要使那个单词在脑子里留下印象。当忘记了一个单词或一件事物的时候，不妨先回想一下当你见到这个单词或遇到这件事物的时候，是不是有把它记住的意图呢？

因为这种要记住事物的意图，对于增强记忆力是有很大作用的。我们又可以用记人的面貌和姓名为例，来说明这种现象。因为不论哪一所学校，都不会有涉及曾经遇见某某人的面貌和姓名的课题，在研究学问中也无须注意这个问题，所以，对于这个问题并没有人真正记住它的意图。因此，人的面貌和姓名，是我们所最容易忘记的。

又如：一个小学生要学习英语，倘若笼统地确立一个目标：将来出国深造，他会感到前途渺茫；如果确定不同的近期目标，先完成容易的部分，如每天学习10个名词，进而掌握动词、形容词、副词等，他就会感到信心十足，感到学习语言不再是枯燥乏味的工作。每一次克服了困难，每一次获得了成功，自信心便会随之增长，而自信心同时又鼓舞他去争取更大的成功。

其实，运用这种方法，何止限于学英语呢？各种各样的学习和记忆活动，都可以运用这种方法，化整为零，使长远目标分解成若干不同的近期目标，由易而难，由浅入深，不断地刺激学习兴趣，增强记忆力。在学习过程中，小学生给自己提出一个记忆目标，充分利用有意识记忆，可以使记忆效果大大提高。比方今天要记 10 个英语生词，那么最好要求自己：今天"必须记住"这些生词。这样在读、写的过程中，就会花工夫分析这些生词的特点，努力记下它们。

如果只是口中喃喃自语，盲无目的地读，那真像俗话所说："小和尚念经，有口无心"，徒然虚耗了许多时间，记忆效果很差。记忆的目标不能仅仅是"必须记住"这样一个笼统的要求，还包括准备记多久，记忆准确到什么程度，这都影响到记忆的效果。这里说"准备记多久"，也许有的同学会问："这与效果有什么关系呢？记住了就是记住了，没记住就是没记住，难道想记得久就能记得久吗？"

这个问题看起来似乎有点不可思议，但事实上却正是这样。很多科学家做了大量的实验，都得出了相同的结果。他们发现：事前打算比较长久地记忆的东西，果真记住的时间就比较长；而只打算暂时记住的东西，往往记住的时间就比较短。

有个老师曾给两个班的同学留下了复述课文的作业，他在一班说，明天就检查，在二班说一个星期后再检查。实际上老师对两个班的同学，都是在一星期后才检查。结果发现二班同学复述得比一班同学要准确、完全得多。

记忆效果不仅与学习目的是否高远有关，还要看每一次记忆活动的目的是否明确具体。奥地利心理学家弗洛伊德认为：人们所记忆事物，应该是自己要记住的；人们所遗忘的事物，应该是自己要遗忘的。

也就是说：意图是所有记忆和忘却的基础。如果背诵一首诗词是为了应付考试，那么考试过后便会很快忘记；写日记没有明确的目的，提起笔来总觉得没有什么可写的，而为了明确的目的去学习，记忆效率比平常要高得多。

在学习活动中，为了提高记忆的效率，我们既要有长远的目标，又要有近期的计划。没有长远目标，学习便没有方向；没有近期计划，长远目标就成了空中楼阁。科学的作法是把长远目标与近期计划结合起来。还要经常地、有意识地对自己提出长期的甚至永久的记忆要求，以便把知识记得更牢。

（四）要有记忆的信心，确信自己的记忆能力

常常有同学说："我的记性太差。"如果你问他们："为什么这样认为？"各种苦衷便会纷至沓来："我最怕记数字，电话号码根本记不住。""我印象中的人同名字老对不上号……"等等。

不用说，这并不是因为害怕记数字记忆力才不好，也不是因为记不住别人的名字记忆力才低下，人生来就对数字、文章、名字等"有意记忆"存在着不同的差异。在这些"有意记忆"中，一个强项，并不等于记忆力强。反之，一个弱项，也不能说明记忆力差。经过训练，差异是完全可以消除的。

有这么一个例子：一天，一位害怕记英语单词的小学生正为记单词而烦恼。于是，他便把单词一个一个地写在纸上。每记住一个单词，他便高声嚷道："我能记住啦！"然后又随手把写有单词的纸折成了纸飞机，从二楼的窗口扔下去。看见隔壁庭院里的纸飞机接踵而至，虽然邻居纷纷感到不快。不过，这位小学生记单词的能力却大大提高了。

要记住东西，首先要有确信自己记忆能力的自信心。没有自信，

脑细胞活动便会受到抑制，使记忆力减退。心理学家把这种现象称为"抑制效应"：没有自信——脑细胞活动受到抑制——记忆减退——自信心更加丧失。如此下去，自然就会陷入无限的"恶性循环"中去。只有确立了自信，才能把记忆变成"良性循环"，这就是记忆的基点。

我们可以想一想，为什么童年时代唱的歌谣能够不假思索地脱口而出？还有，朋友和熟人的名字想忘也忘不掉；一个自称记不住电话号码的人，不管他是否愿意，总是忘不了自己家里的、密友的电话号码。所以，只要有信心，相信自己"能记住"，那么任何东西都会乖乖地留在记忆中。

心理学研究的结果说明，无论什么人要想增强记忆力，只要他采用科学的方法，都是可以收到功效的。"想增强记忆力，便要采用优良的记忆术。"这是威廉·詹姆士的见解，而且也曾经过广泛的实验。而最好的增进记忆力的方法，是如胡德华斯教授所说的意见；要遵守"记忆法则"。

在日常生活中，我们怎样具体地将它们适当地使用。为什么我们会把一些事物忘却了，但又将另一些事物记住呢？我们的意图、动机和注意力与记忆有什么关系呢？优良的记忆术有什么作用呢？把新的事物牢记在脑子里，有什么最好的方法呢？学习外语，最主要的是记单词，可是那么多的单词，有什么方法将它们记住呢？对于人的面貌和姓名的记忆，有什么好的方法呢？这些问题，都是想增强记忆力的青少年应当注意的。

有些青少年学习英语的时候，将一本英语辞典从 A 字部起顺着下去一页一页地阅读默记。曾经有一个学英语的人，他每天将英语辞典里的两页单词读熟，自己认为这是一种学习英语的好方法。又曾经有人为了想增强有意记忆，竟一页一页地默诵电话本，把电话用户记入脑子里作练习。

上面所说的两种方法，都是极为愚蠢的。将辞典里的单词生硬地压进脑子里，到了要实际应用的时候，却往往茫无头绪，不知道怎样采用适当的字。至于默诵电话本，暗记用户的人，他这样的强迫自己暗记那些毫无关系的人名、住址、号码，不但不会使记忆力增强，反而会把脑子弄得一团槽。因此，那些愚蠢的增强有意记忆的方法，所得的结果只能是：可能记住了不少单词，但需用的单词却记不起来，电话用户的姓名可能记住，地址又可能忘掉，或是号码记不清。这不仅会造成脑子一片混乱，还会使自己怀疑自己的记忆力不好。

英国曾有过这样一件事：有一个农民想增强自己的记忆力，他参加了一所函授学校所举办的课程学习。那学校寄给他的课程讲义，多是记诵一些历史上战争的开始和停止年代、各战役的死亡人数、英国历代国王及女王的名称、古代埃及帝王的称号，以及许多不切实用的数字的内容。讲义一份接一份地寄来，直至接到最后一份课程讲义。那农民便将以前收到的讲义收集起来，全部寄回那所函授学校，并附上一封简短的信，说："我决定取消这一科课程的学习了，请将我的学费寄回，因为它搞乱了我的脑筋。"

心理学已清楚地说明，我们想要增强有意记忆，只有遵照良好的规律和方法。像那样的读辞典、记年代，记电话用户以求增强有意记忆的方法，除浪费时间与混乱脑筋外，实在不会有一点益处。增强有意记忆的最好方法之一，是选择自己想记牢的那些特定事物，通过记忆这些特定的事物，锻炼有意记忆的能力。

例如：学习英语，可将课本上与日常生活事物有关的单词精读记住；学习数学，可将课本内容与日常生活数目有关的数字反复思考演算等等，才是正确的增进有意记忆的办法。不能像垃圾桶一般把没用的东西都塞进头脑里，而是要能够把不必记忆的事物和一定要记忆的事物区分开来，所记忆的事物，不是杂乱无章，而是有条不紊。

那么，怎样培养青少年的自信心呢？

要培养青少年有意记忆的自信心，首先要培养青少年的学习自信心。凡是爱学习的孩子，都是对学习有自信心。一旦孩子对学习丧失了自信心，他的学习兴趣和主动性也就很快消失。家长应以正确态度对待孩子的学习结果。

例如：孩子取得优秀的学习成绩，家长应欣喜地给予及时的赞扬，甚至给予恰当的奖励。孩子在学习上虽不是最优秀的，但是比以前有进步，哪怕是极微小的进步，家长也要及时发现，给予肯定与表扬，并鼓励他们争取更大进步。孩子的学习成绩较差时，家长千万不可急躁，更不能辱骂他，应该帮助他分析没有学好的原因，跟他一起把没学好的地方补一补，勉励他："争取下次考好，我们相信你是有能力把学习成绩提高上去的。"

研究表明，在识记的过程中，如果信心不足，记忆效果会比实际能胜任的要差，而识记时有记得住的信心，会提高记忆的效果，千万不要让孩子产生自己是笨蛋，记性不好的自我意识，否则孩子在识记过程中，会产生紧张情绪，失去想要记住的动机和意志，以致更记不好，产生恶性循环，所以父母要注意培养孩子的记忆信心，比如孩子在只能背出规定识记材料的一部分时，应该先表扬、鼓励，而不应该责备或强调为什么背不出另一部分，这样孩子在下一次会提高记忆的动机，从而提高记忆效果。

（五）集中注意力

我们脑海中所存的记忆，好像银行里的存款一般。假如银行里没有款项存着，无论怎样努力，也不可能提出现金。因此，我们要把经历过的事物，像银行存款似地储存起来，以备应用时提取。这样的储存，一般叫"铭记"。由自己想记忆它的意志作用而记忆的，则叫做"自发的铭记"，至于并没有想记忆它，但是因为印象强烈而记忆了起来的，叫做"被动的铭记"。

现在，我们所要谈的，是自发的"铭记"。"铭记"也就是"印象"。要把印象储存在脑子里记忆起来，便须有深刻的观察。因为一切事物，经过深刻的观察后，才可以得到深刻的印象。所以我们决定要记忆一件事物的时候，非要先有深刻的印象不可，实在，当一百个人同时看一件事物的时候，由于各人的角度不同，所注意的程度也不一致，因此，那一百个人所接受的印象也就会各不相同。

所以，那一百个人同时所看的一件事物，可说没有一个人与其他人的看法完全相同。因为各人都有不同的兴趣、偏见和态度。那么观察的方法也就各不相同，结果虽然同是一件事物，大家所见到的其中的微细部分，总有相异的观点。

当许多人同时观察同一件事物时，由于方法不相同，所得到的印象自然也有各异之处，所记的事物能够保存的时间也必然是长短不一的了。

上面所说的情形，从一个人讲述他所见过的事物便可以看出，因为他所讲述的就是他所得到的印象。

根据心理学家所作实验的结果，证明即使是接受训练的观察者，也难以把他亲眼所见的事物正确地讲述出来；因为，一般人在讲述的时候，总避免不了会对自己所见过的事物掺加进一些自己的想象。一般的人在没有记忆意图的情况下，对所碰到的事情的记忆就会不准确，事后在复述经过情形时就会由于记忆的不准确而在不知不觉中渗进自己的偏见。在不少的犯罪案件中，现场目击者的证供，往往各不相同，这就是心理学家曾经以它作过实验的例证。

因为我们对于过去发生的事件作证供，往往不正确，这是由于在观察的时候没有十分注意到全部的事实。就如同我们听人家说话时，常常只注意听那些自己想听的事物，我们观察事物时，也是只注意观察那些自己想观察的东西一般。由于偏见和暗示，往往就会使目击者对于全部事实得到片面的甚至错误的印象。这主要是由于事件发生时，目击者并没有要记住全部事实的意图，往往会在不知不觉中把想象当作事实，在主观的作用下就认定那就是自己所记忆的情形了。

我们观察事物的时候，通常会有一种先入为主的观念或受某种动机的驱使，因而有时会忽视一些事物，或者是会夸大一些因素，甚至会加入自己的想象。在法庭中，就是为同一案件作证的人们的证供，不少也是有着互相矛盾之处的，这实在是当时现场中目击者的态度和先入观念，以及受他自己所注意的那些事情影响的结果，而他的夸张或对事实的歪曲，实际上并不是有意的。

所以，我们要正确地记忆事物，不论是学习英语单词，还是要记住一件事情的经过，抑或是记住一个人，都必须要集中注意力，尽力作全面观察，不要大意，也不要被无关重要的部分所吸引，而是要深入地、全面地从事物的本质方面去观察。以学习英语来说，就要讲究使用字典的方法，要努力记忆单词的本质上的意义。这在记忆法则上，是极为重要的。

我们翻阅字典的时候，往往可以看到一个单词有几种解释；例如我们想要记忆"伴侣"的英语"Companion"一词的意义时，可以从字典中知道"Com"是"一起"的意思，"pan"是以面包"的意思，"ion"是"人们"的意思。"Com—panion"这个字本质上的意思，就是"一起吃面包的人们——在一起吃饭的人们"，也就是"伴侣"的意思。这样，从本质上了解了英语"Com—panion"这个字，印象也就非常深刻了。

我们在学习英语的时候，总强调使用字典的方法，因为它帮助我们加强对单词的印象，在学习外语时是很重要的。我们在所有一切的学习过程中，必须要有充分的观察。因为充分的观察，也就是对要记忆的事物作充分的研究。通过观察把握了事物的本质，对增强记忆便有极大的帮助。同时对事物作充分的观察，和前面所说的意图及注意力集中等问题，都有着密切的关系。我们如要加深对事物钓印象，在接受印象的过程中，一定要以必须记住它的意图来观察事物。因为我们有了必须记忆的意图，再加以深刻的观察，那么对于任何事物，都可以记牢。如果我们没有全面而正确的观察，便不会有全面而正确的记忆。这本来是谁都知道的事情：注意力不集中，什么东西也不会记住。可是人们对于这简单的记忆法则，却往往置之脑后。因此，我们如要增强有意记忆，就不能忽视过简单的法则。

对于要记忆的一切事物，必定要集中注意力作深入的观察。因为我们有了要记忆一件事物的意图，若不作深入的观察，是不会有明确的印象，深刻的印象更不会留存。有些在特殊情形下的事物，我们本来没有想要记忆它的意图，可是因为事物的本身给予我们以强烈的印象，因而记下来了。

举个例子：在马路上突然遇到交通事故，或突然看到一层楼房发生火警等，这是所谓被动的铭记。不过，这种被动的记忆的情形不会很多。如我们对发生在身边的事物不理会的话，即使发生在眼前的事物也一点不会记住的。假如有人问你："上个星期二那天的下午三点，你在做什么？"那一天如果没有什么特别的事情的话，你便没有办法回答，因为你没有注意当时所发生的一切事物，没有运用你的意志去观察当时发生的事物，更没有记忆这些事物的意图。

现在我们谈谈一下观察的问题。当我们初次与一个人见面的时候，是不是按照下列的次序留心观察对方呢？

（1）仔细听他的姓名。

（2）留意他面部的特征。

（3）鼻子是扁平的吗？

（4）双眼皮呢，还是单眼皮呢？

（5）他的姓名会使你联想起另——个人的姓名，或另一事物吗？

我们观察初次见面的人时，一定要依照这几个次序反复观察，才可能对这新结识的人留有明确的记忆。

按照这几个次序留心观察人，最初的时候你会感觉非常的麻烦，可能认为这是难以做到的事。但如果你经过几次，积累了经验，成为了一种习惯，也就没有这种感觉了，就自然多了。

例如：学者和平常的人到一个风景美丽的地方游览后，大家的记忆会有很大的区别。平常的人多是没有条理的杂乱的记忆，而且所记的都是表面的景物；但学者便不同了，他把看过的景物记下来，并动笔写成文章，从文章中可以看出学者对于景物的观察是有条不紊、周到深入的。这因为平常的人缺乏对景物作肯程序的观察所致；而学者则因为从写作的训练和经验中，自然地养成了习惯。知道面对风景时，该按照怎样的程序来作有条有理的观察。对事物观察程序的问题，在我们学习任何事物的时候都是极为重要而不能忽略的。

例如学习英语，遇到一个新词的时候，就要遵循下列的程序：

首先，注意着"这是新词"。

其次，细心注意它的拼法，把握它的意义。

第三，研究它拼法和发音上的特征。这时要查阅字典，参看他们的音标及轻重音符号以求正确的发音，并可以加强我们对它的印象。例如"high"（高）这个单词，我们寻找它的特征时，从字典上可知"hi"是发音部分，"gh"是不发音部分，这是它最大的特征。

第四，注意那个字的前后关系，它在文句中的位置和作用。然后，还要看它是主语，抑或是谓语，以及是动词还是名词。

第五，分析它的拼法，看它是由一个字，或是两个以上的字拼成的。

例如"forget"（忘记）这个字，就是由"for"（替代；因为；关于）和"get"（得到）二字拼连而成的。

最后，这个字的拼法、发音和意义等，会使你联想起共它单词吗？这时你如果查阅字典，将它们在意义上或相对地对照研读一下，会给你很大的帮助。

根据上面所说，我们可以知道，对事物的注意观察不只是有助于有意记忆，而且是十分的重要。如果我们对任何事物不加以注意，根本没有印象，对事物的记忆也就无从谈起。在日常生活中，我们接触的事物非常之多，但我们都忽略了它们，因此我们能记忆的生活事物很少大多数都只是"过眼烟云"，事后忘得一干二净，一些专家的调查结果表明，我们在实际生活中所应用的注意力只不过是一个人的全部注意力的1/10罢了。"真实的记忆术就是注意术"，这是某些在此方面有一定研究的专家对于记忆法则的一句概括，可见"注意力"对记忆的重要性了。

那么，什么是"注意"呢？就是我们对一切事物或行为加以留心，使我们的意识固定在它上面。

我们通常所见到、听到、感觉到的事物，往往在经验过了之后，即会忘却，这种情形，是由于我们没有十分注意的关系。因此，我们的注意力愈是集中，对事物的记忆愈能长久；愈是少注意，记忆愈易忘掉，更难说长久了。至于完全没有注意，那就当然会完全忘却。

我们回想以往的生活经验时，往往会想起某些事物，虽然想加以注意，却没有办法集中力量注意它们。我们之所以不能十分注意它们的原因，细想起来，是由于我们对它们没有强烈的兴趣。所以当青少年对于想学习的事物，以及所会见的人不发生兴趣的时候，为了又是必须记忆的，那就不能不自动地激发起对它们的兴趣。关于兴趣的问题，在后面将再详细地说。注意力很容易会被旁的其它事物分散，为了保持注意力的集中，我们就必须有坚强的意志力。

　　在我们要记一个英语单词、一个人或一种观念的时候，为了要使注意力全部集中，就得把其它的英语单词、人物或观念完全抛在一旁；专心致志地将注意力集中于要记忆的这个单词上，那么便可以避免分散注意力了。集中注意力最容易的方法，是在学习一件事物的时候，联想起和它有关联的其它事物。

　　集中注意力的另一个方法，就是我们要对所学的事物发生强烈的兴趣。若发现自己对所要学习的事物没有兴趣的，应努力地促使兴趣发生。这，就要运用自己的想象力，以寻求许许多多与这一事物有关连的、感到兴趣的其它事物来。对于最有兴趣的事物，也是最容易记忆的事物。这是由于我们对它有充分的注意的关系。对于我们并不感兴趣的事物，要想集中注意力，也不是一件容易的事。不过，我们如能在这没有兴趣的事物里，从它的周围找出有趣的事物，并将它们连接起来，对我们集中注意力是会有很大帮助的。

　　对想要记忆的事物内容有了兴趣，决定了目的，注意力也就容易集中了。我们在记忆的时候，应该明确自己的目的。例如在记忆一个英语新词时，就强调要记忆它的目的，记忆历史上的事实和数学上的方程式时，就强调它们对于学习上各方面的帮助。这样，就使自己更能集中注意力了。

　　根据上面所说的总括起来，我们可以知道；学习的时候愈是注意力集中，心象就愈是明确。我们忽略了注意的事物，不管是见过的、听过的或经历过的，也都会把它忘却得一干二净。愈有趣味的事物，愈能吸引我们的注意。所以要集中注意的最好方法，就是先要使自己对事物发生兴趣。

　　对任何事物的记忆，虽然一定要经过观察，经验，可是忽略了注意，便不会有正确的观察。对所要记忆的英语单词、人物、事物等的特征或性质，加强注意并作多方面的观察，不只易于记忆，就是要它在思想中重现起来也会特别容易。

学习期间，儿童记忆最多的一段时间。集中精力，全神贯注，这是搞好复习的首要条件。不能集中注意力，就会干扰正常的学习效果。

要集中精力，应做到以下几点：

1. 不要犹豫不决

有些学生到复习时才考虑"应学习什么"、"先看什么"等问题，这样不仅浪费时间，而且很容易涣散注意力。

解决方法是：应该有个详细的学习计划，有条不紊、按部就班地学习。

2. 减少胡思乱想

一些学生学习时总会出现一些其他的念头，胡思乱想，做"白日梦"，这是极不好的习惯。每当思想不集中，另有所想时，应有意识地立即中断这些念头。

3. 避免情绪困扰

在学习中，学生有时会突然想起还没解决的其他问题，如师生关系、同学关系等，它会使学生产生一种不好的情绪，妨碍正常复习。

这时家长应告诉孩子把问题写下来，然后先收回注意力专心学习，等学习后再考虑这些问题。

4. 采用备忘录

日常生活有许多要做的事，比如寄信、买东西，把这些事记到备忘录上，这样既不会分心，又不会影响安心读书。

5. 不要强忍饥渴

学习中出现饥渴是正常的生理现象。如果急于学习，不理会它，饥渴的感觉会使学生精神分散，影响学习效率。这时，家长应鼓励孩子用几分钟，喝点水，吃点东西，抖擞精神，再去学习。

6. 要在固定的地方学习

家长最好为孩子开辟一个自己专用的空间，如果房间少，也可以用布帘或书橱、立柜等家具与外界隔开。否则，争取一张书桌也可以。

总之，得有一个使孩子安下心集中精神复习的空间。这样，就会使固定的学习空间与学习意识自然联系起来。如果没有固定的复习场所，就很难集中精力。

7. 关于背景音乐

有相当一部分学生喜欢边听音乐边学习，认为这样可以在轻松愉快中学习。一般地讲，学习环境越安静越好，这样可以一心用在学习上。如果周围噪声很大，利用自己喜欢的音乐来抵抗一下这种干扰倒也是一个好办法。当然，要听就听悠扬的乐曲，像小夜曲之类，不能听节奏太快的打击乐或各种歌曲。

（六）要理解事物的意义

我们能够较为透彻地理解事物的意义，对于有意记忆会有很大的帮助，不论是英语单词、人物还是事物，都是如此。以我们学习英语来说，如果我们不理解单词的意义，只将它生硬地记进脑子里，这样虽然能暂时记住，但由于不明白它的意义，既不会对它加以注意也没有可能作深入的观察，结果，长久的记忆也是不可能的。

人是具有推理联想的能力的，所以我们可能由这一事实而知道其和另一个事实的关系，无须作单方面的死记硬背，因为我们从这一事实而把握着它与另一事实的关系后，自然能够深入了解事实的本质，对事实的意义获得清澈的理解，使我们的记忆能收到良好的效果。因此，不论对事实，英语单词，或观念，以及人物，我们能通过推理，联想作用而获得系统的理解后，要想记忆起来就容易多了。

例如：学习英语的时候，我们记忆一整句的文字，总比记忆一个单词容易，这是因为一整句文字有着相关的意义，能够使我们作出关系上的理解，易于记忆，一个单词就不容易使我们产生联想。关于对事实的记忆，学者们曾经作过实验，所得的结果都是以事实的意义关系如何而定的。如果事实没有意义且毫无重要可言，那就不只是难于记忆，而且很容易立即被忽略忘掉。如果事实具有重要的意义，那就不只易于记忆，而且记得长久。

所以，要想把一件孤立的、前后没有关系的事实或观念记忆起来不是易事，而有前后相关连的、或有独特意义的事物，记忆起来并不困难。在学习英语的时候，我们日常生活中有具体形象的如："book"（书）、"clook"（钟）、"pen"（钢笔）等，及具体动作的如："run"（跑）、"come"（来）、"go"（去）等单词，总比抽象观念的如："perceive"（知觉）、"conception"（概念）等单词容易记。青少年初学英语时，多有图画插在课文里，其原因就是因为，具体形象的插图可以帮助我们记忆单词。记忆有意义的字比记忆没有意义的字要容易。这是最初的心理学家艾宾浩斯经过实验而获得的证明。他随意将几个字母拼合成一个字，而这个字是没有意义的，他想把这个字记忆起来。结果，他记忆这没有意义的字所花费的时间要多十倍。

心理学家基利安亦曾对学生做过这样的测验：

叫学生们阅读报纸上一段约一千多字左右的新闻，阅读两遍。等他们阅读完毕，即作第一次测验。到 24 小时后再对他们测验第二次。第三次的测验则在 48 小时后举行。

所测验的问题是下面这两点：

（1）机械的记忆。

（2）文意的理解力。

测验结果，学生们以机械的记忆对这段新闻中 30% 没有意义的事实在 48 小时后即忘却，但在文意理解力方面，成绩却不错，对于一段新闻概念的理解，几乎全部都能记忆不差。

所以，为了要增强有意记忆，在训练时所要记忆的事物，必须具有多方面的意义，才易取得良好的效果。

学者又曾测验学习历史专业的学生，所得的结果证明了对事物理解力高强的学生，比强硬记忆的学生的记忆力优良得多。

根据上面所说，可知道记忆和事物的意义有着不可分离的密切关系。所以我们在学习的时候，辞典是少不了的一种工具，因为如果遇到了一个新的单词或名词，我们只要查阅词典，它就会给我们满意的解答，还可能给予我们多方面的意义。养成查阅辞典的习惯，不只能促使我们对学问的掌握，对于增进记忆力也有很大的帮助。

至于读书时候的有意记忆方法，一般有两种：

第一种：逐句学习。

第二种：理解大意。

虽然方法是两种，但也要看所读的文章的性质。例如阅读报纸社论的时候，我们逐字逐句地来记它，这种努力只是浪费脑力和时间。因为我们阅读报纸社论，所要记忆文句是文句的意义，不是记忆它的词语。

读诗的时候，就是逐句记忆了。可是如果摸不着诗句的意义，要逐句记忆它也是很费神的。

又如演说的时候，如果把一张演讲原稿的词句记得烂熟，对着听众一字不差地演背出来，这样的演说，演讲者只不过像一架录音机，所讲的话不会使听众受到感动，反会使听众感到不安，也不会收到良好的效果。

由以上事例可知，我们记忆事物，一定要分别它们的性质，而使用不同的方法。至于在记忆难以明了或难以理解的事物时，我们必须先努力对该事物获得彻底的理解后，再去记忆，这样的话记忆也就容易得多了。对于最初时还不大理解的问题，当然不可能将它记住。

例如：我们读到爱因斯坦"相对论"的原理文字，其中所列出相对论的数学方程式，我们一般人多是记不住的，这因为我们一般人对于数学方程式的意义还不理解，根本就没有可能记住它。可是，理解它意义的科学家们，就能将它记住。

所以，我们想要记忆单词、人物、事物，必须先对它们进行一番研究和理解。所有事实、观念、单词、人物等，我们最好找出与它们有关系的其它事实、观念、文章、人物，加以理解。而这些事实、观念、单词、人物等，就必须找出它的秩序和体系组织，帮助我们理解所学的内容的意义。这些事实、观念、人物，如果加进了意义后，记忆起来就容易了。

因此，要增强有意记忆，就必须对事物的意义有一定的理解，这在学习的方法上，也是一条捷径。

从学习外语来说，学习几种外语的人，他在初学第一种时比较困难，从第二种起以后便会感觉容易了。例如已学会了英语的人，以后再学法语或德语的时候，总比第一次学外语时感觉容易。因为他已是第二次学外语了，已有学习英语的经验，对外语语句的构成、单词的拼读，以及语句的运用等习惯已有了理解。

关于人名和面貌的记忆，与学习外语的记忆一样重要。对新识的人你能够理解他——就是你对他的生活、职业、兴趣等情形有了理解的话，他的姓名和面貌便容易记忆。根据上面所说，不论事实、单词，观念及人物，我们在记忆它们的时候，就一定要遵守这样一个的定律：要明确理解所记忆事物的意义。把零散的事实或观念组织起来，使它们成为有意义的意识现象，作为思想的单位，以增强它们的意义。记忆人名和面貌的时候，就要遵守这条定律了。除记忆姓名和面貌外，对方的职业、文化水准，以及和生活有关的一切，都要尽量地了解。

（七）强调愉快的一面

现在让我们来假设一个情景：你参加一个晚会，与会的人除男子外，有三十个女性。在晚会节目进行中，其中十个女性给你的印象是愉快的。她们谈话风趣，使你觉得有亲切感。另有十个女性给你的印象极差，她们轻佻粗野，说话唐突，吹毛求疵，对与会者暗地里评头品足，又把饮用的物品碰翻泼在你的衣服上，使你对她们产生厌恶之情。还有十个女性是没有给你愉快的印象，也没有给你不愉快的印象，她们都非常沉静，个性和动作都不能给人较深的印象。

现在有这样的两个问题：

你会记住哪十个女性？

哪十个女性，事后你会把她们忘掉？

从这两个问题的答复中，你可能有这样的发现：就是给你有快乐感觉经验的，以后也容易从记忆中回想出来，你所厌恶的，不只容易忘却，就是想也不愿意想她。这就是说，愈是给人家愉快印象的人，愈容易被人记忆起。

不惹人注意，给人家印象微弱的人，不容易为人所记忆。因此，你要想记住人家的话，自己必须以愉快诚恳的态度去接触对方，使对方也以愉快的态度对待你，那么自然对方会给你留下愉快的印象，而同时你也容易被对方记忆起来。对说话的记忆，也是有上面所说的情形，令人愉快的有兴趣的说话容易记忆起来，反之，则容易忘掉。

学者们曾作过测验，让一百名儿童将听过了的有趣味的说话和没有趣味的说话回想出来，结果，有趣味的说话大多数都能记忆，没有趣味的说话大多数都被忘掉了。

在记忆事情方面，心理学家韩达逊曾作过一次实验。他选择了十个人，叫他们讲述过去所经验的一百件事情，结果，十个人所能记忆的是：55%是愉快的事情，33%是不愉快的事情，12%是平凡的事。

还有一部分心理学家曾经实验过，他们所得的结果，都证明了愉快的事情可强化人的记忆，不愉快的事情是最易忘记，至于令人反感的事情，记忆更是不会长久的。所以，有意记忆法中，在记忆人或事物时，要尽量强调愉快的一面。

（八）要使记忆的事物视觉化，用视觉整理笔记

在人类感官之中，随着年龄增长而使视觉发达，反之，凡是不能地图化，也就是不以视觉记忆的人，就是感觉器官最不发达的人。普通处理由视觉而来的情报可以促进理解和记忆，所以训练利用一目了然的图表的读书方法，是强化记忆力的捷径。

在有意记忆中，由过去的印象再现于意识中所造成的想象叫做"心象"。心象有许多种。最普通的是：脑子里想起一部电影中的一个精彩场面、有一次见到两辆汽车相撞的惊险情形、一位朋友的面貌等，这都是属于视觉印象，脑子里想起一支美妙乐曲的旋律、教师对一个英语字正确的发音声、弟弟听完了笑话故事的狂笑等，这是属于听觉印象。

脑子里想起咖啡的香浓的气味、酸溜溜的梅子、刺激了舌头的辣椒味等，这是属于味觉印象。脑子里想起经过花店门前的花香、煮咖啡时的味道、不洁厕所里的刺鼻气味等，这是属于嗅觉印象。

少年时代学习游泳，有一次在游泳池里喝了几大口水，那股难受的滋味便永远留在脑际，以后一见到游泳池，又想出来了，这叫脏气心象。我们的感觉器官在与外界发生关系时，如果能将感觉予以有效的运用，渐渐的就可以经验到、学习更许多事物并记住它们。感觉中的视觉、味觉、嗅觉、触觉、痛觉等等，主要是使我们知道

外界状况的感觉。

运动感觉、平衡感觉，则是使我们知道身体内部状态的感觉。所有的感觉器官，都能帮助我们造成一种心象，并帮助我们记忆。例如，音乐家的脑海里经常盘旋着交响乐的乐章、乐器的音阶，他对于音韵的分辨记忆最敏锐。

19 世纪法国作家佐拉，具有异常的嗅觉，他对各式各样的花朵及食品，都能一嗅而分辨出它们的香味来。另一位法国大诗人，《恶之花》的作者波德莱尔，嗅觉也特别发达。他们这种嗅觉特别敏感的人，在普通人中很少见。

由以上例子可知，心象对于有意记忆是十分重要的，我们应该利用自己所长的感觉器官来促使心象的形成，以配合记忆力的加强。

例如：学习地理的时候，只阅读课文，不予检阅地图，对于位置和地形毫无印象，学习就不会有良好的效果，假使能详细查阅地图，脑子里当然会留存有地图上的位置和地形的印象，以后回想起来，一幅视觉印象的地图便会浮现出来。这总比死读课文好得多。大体说来，人们记忆见过的事物比较容易，即由视觉得来的印象比由听觉得来的印象易于记忆。

"百闻不如一见"这句俗语用于记忆方面，可以解释为：记忆一件事物时，依靠实际印象会比内心印象容易得多。这样看来，视觉化对于记忆来说是非常重要的。视觉化虽然对增强有意记忆有很大帮助，但我们还必须多多运用其它感觉器官以形成心象，配合运用以求获得良好的效果，这种原则，叫做"多种感觉的共鸣作用"。

听觉印象比视觉印象易于形成的人，就是他的听觉器官的感觉比视觉器官的感觉好，那么，他可致力于听觉印象的形成，不过，其它的感觉器官也不能忽略运用，否则便难以收到预期的效果。

在读书时，不仅用文字写出要点，更应画成图表，除加强记忆外，并可训练视觉化。现代的语文、英语、历史等科，问答题有增加的倾向，即使在掌握一个题目的要点时，训练图解能力也菲常重要。例如因果关系、时间、人物等，如能画成图表，可使记忆清晰，提高读书效果。而且用视觉来整理笔记。一旦把笔记合起来，图表的内容会浮现脑际，极有助于记忆的复现。

有时可用粗笔写，并把图形用有色铅笔加以区别，图表有立体感。如能用自己所创的记号表现，再画记号时就已经开始有记忆作用了。最近的升学参考书，都印有很多套色的图表，尽量利用图表帮助记忆，就是针对这种图表效果的具体事实。

例如：学习英语，对于每个单词，我们除了在上课时细心听它的发音外，还要默写和熟读，才易记住。这样"听老师发音"、"默写拼法"、"自己朗诵"三方面的运用如切实地悉心进行，不但易于记忆，而且记忆得长久。如能再配合视觉化，那么对我们的记忆会有更大的帮助。例如："dictionary"（字典、辞典）这一个词，我们每次拿字典来查阅时，它都会映入眼帘，所以在读英语的过程中，这可说是记忆得最熟的一个字。

宣传家常说："一画胜千言"，这就是事物的形象能给予人以深刻的印象所致。例如，说一个地方发生饥荒，任你用千言万语叙述它的惨景，总不及画一幅瘦骨嶙峋的饥民剥食树皮的图画来得有力，这是视觉化的一个成功。所以，若想增强有意记忆，就要把想要记忆的事物视觉化。要记忆任何事物，必须运用多种感觉。

（九）反复回忆，铭记不忘

1. 反复增强有意记忆

反复读，反复琢磨，加深理解所记忆的材料或事物的方法，也叫"回嚼"记忆法。在读书时，经常会遇到这样的情况：有些内容一遍读不懂，需要读第二遍、第三遍；有些内容当时理解了，过一段时间又不理解了，需要回过头来温习，有些内容懂了，也记住了，但再回过头来看看，能起到加深理解，举一反三的作用。

这和牛吃草的道理是同样的。牛吃草，先是一口一口吞下去，休息时再倒回嘴里细细咀嚼。这种"回嚼"消化草料，吸收营养的方法，对于青少年训练有意记忆也有启示作用。"回嚼"对于记忆或巩固记忆非常重要。

有的青少年读书不喜欢"热剩饭"，感到"没味道"，认为不如读新内容"痛快"。这种想法是不足取的。在对幼儿的教育当中也证明了重复讲述同一个故事，其记忆效果好。

19 世纪德国柏林大学有一位法学教授，他叫卡尔·威特。他之所以能出类拔萃，就是因为小时候父亲对他总是讲述同一故事。

威特的父亲在一本叫《卡尔·威特的教育》一书中介绍说：威特能熟练地掌握六国语言，就是大人反复讲述并让孩子自己阅读同一故事的结果。例如对安徒生的童话，他反复讲给卡尔听，然后，让卡尔学习一门外语，就用这门外语朗读这个故事。这一方法非常有效。卡尔就用这一方法很快地掌握了英语、法语、意大利语、拉丁语、希腊语。

明末清初有个思想家和学问家叫顾炎武。他有很强的记忆力，能背诵十三经。十三经是 13 部古书，一共有 147 000 千字。他在天文、历法、数学、地理、历史等方面都有很深的造诣，知识十分渊博。记这么多东西他就不忘吗？和一般人一样，顾炎武也是要忘的。但是他有一个法宝，那就是复习。

据一部叫《先生读书诀》的书上记载："亭林十三经尽皆背诵。每年用三个月温理，余月用以知新。"亭林就是顾炎武，这段话的意思是说顾炎武十三经全能背诵，他每年用三个月复习读过的书，其余的时间用来读新书，他这样勤于复习，难怪能记得那样牢。复习不仅有巩固记忆的作用，而且还可以加深对知识的理解。

很多知识在初学的时候，人们的理解总是不深刻、不全面的，掌握不住知识的内在联系。以后，学的内容多了，复习的时候就可以把前后的知识条理化、系统化。这样理解得就更透彻了。

古人颜元曾经说："学一次有一次见解，习一次有一次情趣，愈久愈入，愈入愈熟。"这段话的大意是，不但每学一次（包括每复习一次）都会有更深入的理解和体会，而且由于有了更深入的理解也就会记得更熟。

之前介绍了意图、动机、注意、观察、意义、理解、兴趣、视觉化等能帮助我们记忆的因素，但是究竟怎样才能确切地记忆呢？

前面也曾说过，我们铭记的事物的印象，一遇到机会常会再现于我们的意识里，有时无须借助意志的力量，突然地也会浮现出来。这样的出现，叫做"再生"。

可是，实际上我们所经验过的不知多少的事物中，能铭记、保持、再生的不会有许多。假如你现在将一本英语课本阅读几页，发现新字就把它记下，并依照木书所讲述的集中注意、查阅辞典理解它们的意义、在脑子里造成联想等法则强化印象，几天之后你会发现记忆的效果不错。

再后，你仔细检查所记得的新字，它们在课本里哪页读过，重读过的有多少次？那么你便会发现它们大部分是你重读次数比较多的。为什么重读过的新字容易再"生"呢？

2. 怎样复习效果好

首先要注意复习时间的安排。显然只复习一次是不够的，多次复习，记忆的"痕迹"才能巩固。可是如果只顾多复习，总是在旧的内容上打转，把旧的内容复习了一遍又一遍，那就没有时间学习新内容了。所以这样做既不可能也不必要。正确的方法是：第一次复习要及时，每天上完课最好当天就复习，以后复习的间隔可以逐渐拉长。为什么要这样做呢？这是由遗忘的规律所决定的。可以说，记忆刚一结束，遗忘就马上开始。也可以说，在记忆的同时，遗忘的过程也就开始了。

但是，遗忘的速度并不跟时间成正比，并不是随着时间的逐渐增加而一点一点地遗忘。遗忘的速度是先快后慢，短时间内一下子遗忘很多，越往后则越少。

专门研究记忆的心理学家艾宾浩斯做过一个著名的实验。他让受验者以多种方法记忆不含任何意义的音节。实验的结果是：

在 20 分钟内，忘却率为47%；2 日后，忘却率为66%；6 日后，忘却率为75%；31 日后，忘却率为79%。

艾宾浩斯教授获得了实验的结果后，还有过不少心理学家对此进行了研究试验，所得的结果也大致相同：人们记住的事物，在最后的一天到第二天会很快地被忘却。证实了他实验的正确。

从上面所说的心理学家们的研究结果，我们可以知道，一件事物在最初学会的时候，是最容易被忘却的，对这些知识我们必须及早予以复习，如果对初学的事物不注意作及早的复习，所学过的事物的细节部分一定会被最先忘却。我们对于新学得的新字也好，任何事物也好，一定要多多复习，如果我们要深刻地记忆住一件事物就必须要在学习之后的几小时内加以复习。而必须要记忆的事物，在学习后的第一个星期内，更要规定复习的时间，才可以收到好效果。

例如：与四五个人见过面后，要将他们的姓名和面貌记忆起来，那么就要在会见后的几个小时内反复回想他们的姓名和面貌，至晚上睡觉以前，又再回想几遍，这样对他们才会不容易忘却。

对新的事物或新字保持记忆而进行复习的时候，可有下列两种方法：

（1）分散法——复习30分钟休息5分钟，再复习30分钟后又休息5分钟，这是一种有规律的间隔。

第一次复习要及时，当天的功课当天复习，抓住记忆还比较清晰的时候进行巩固，第二次复习也不要隔得太久，特别是低年级同学。再往后，间隔时间就可以长些，每次复习用的时间也可以少一些，甚至只要大致"过"一下就可以了。这样先密后疏，不但旧的知识巩固了，而且还可以空出更多的时间学习新内容。

另外，复习比较长的材料，最好不要时间太集中。比如有10篇课文，一定要一天之内复诵一遍；200道算术课，一定要集中三天时间全部重做一遍，这样效果都不好。特别是外语单词，每天复习10个、20个，一点儿也不感到吃力，如果一天复习一二百个，又累又不扎实，所以，分散复习比较好。

分散复习好，那考前的阶段复习还要不要呢？

当然还要。应该以平时的复习为基础，在阶段复习的时候特别注意使知识系统化。什么时候进行单元或阶段复习，这是由教材和教师决定的。在这个时间里家长要特别关心孩子的状况，检查他是否按教师的要求认真复习，指导他把学过的知识系统化。

例如：孩子先学习了加法应用题，又学会了减法应用题，就该进行一次阶段复习了。通过复习应指导孩子认识已知两个部分数求总数用加法；已知总数与一个部分数求另一个部分数用减法，使这部分知识系统化。孩子再碰到加减法应用题时，就会用系统的知识分析问题、解决问题了。又如：每学期期中和期末，必定是学校里进行阶段复习的时间。在这段时间里，家长就应主动关心和指导儿童的复习，不要因工作和家务把这件事忘掉。在复习中运用尝试回忆的方法也是提高记忆效率的有效手段。

在复习中，追忆是不平衡的，一段课文某些部分已经记熟了，而另一部分还比较生疏，一遍遍从头温起，不熟的得不到足够的时间巩固，已经熟了的又一再"回锅重煮"也无必要。在学校期问所使用的一个基本复习方法——背诵，是使小学生在较为长久的时期内成功发挥记忆能力的秘诀。所谓背诵，就是大声地对自己或对别人重复所记忆的内容，而且必须保证与原始材料隔离开来。否则，可能会不自觉地通过偷看来提醒自己。

背诵秘诀有三个重要价值：

第一，它将确保在几个方面节省时间。

第二，它将暴露出记忆上的薄弱环节。

第三，它将保证记忆持续久远。

背诵能节省时间，这听起来或许有些令人奇怪，但它确实是一个节省时间的良策，它至少可以使小学生在两个重要方面节省时间：

当能把所记忆的材料完整地背诵下来时，就充分证明已成功地将其全部记住，从而无需为进一步验证再花费时间。

它将有效地缩短达到成功记忆所需的时间。

（2）集中法——学习下去不作休息，继续学习到记住为止。

这两种方法哪一种比较好呢？根据心理学家们广实验结果，证明了分散法效率比较高。假如，有一个人规定每天练习钢琴 30 分钟，另一个则规定每逢星期日练习两小时。结果那规定每天练习 30 分钟的人的成绩，一定比每星期日练习两小时的好。

这是分散法比集中法效率高的一个证明。可是，人们的集中能力是不同的，有些人学习 10 分钟后要休息 7 分钟的时间，有些人却只要休息 3 分钟就够了，这里表现了人们集中能力强弱的区别。

一般来说，分开短时间来学习和练习，比长时间疲劳学习的效果要好。

上面所说的情形，心理学家和不少生理学家曾做过许多精密的实验，已经获得了证明。不过在休息寸，要尽力避免和所想要记忆的事物有关的精神活动；但最好是能作一些轻松的运动。

因为新的要铭记的事物，往往在休息的时间中作调整，以与其他记忆连结而巩固记忆；休息时间虽然很短，但尽有很大的作用。它能使我们恢复新鲜的勇气，并且我们在经过一度休息之后，对于同一件事物，更会产生出新的兴趣来。

例如：我们在阅读一篇文章的时候，并不完全明了文章中所含的意义，可是经过一个短时间的休息之后，往往会发现文章里的新意义来，这时就有了新的兴趣了。

可只规定作有规则的复习，对于增强有意记忆还是不够的，必须要有自我的测验，才可以获得美满的效果。

自我测验的方法，最重要的是进行自己的背诵。据心理学家的意见，人们学习的时间，应以80%用于背诵，以20%用于阅读。因为背诵对于记忆最有功效。

背诵对于增强有意记忆来说，要求青少年对识记对象无论主次，不分轻重，按照原来的顺序逐字逐句一字不差地进行记忆，就也叫做"背诵记忆法"。背诵是有意记忆的根本，它在学习中具有很重要的作用。背诵在大脑中精确而牢固地贮存知识，古人云："熟读唐诗三百首，不会做诗也会吟"。说的就是背诵之妙。

经常背诵，养成习惯，可以锻炼人们的记忆力。能加深对识记对象的理解。通过背诵，可以使对识记对象在头脑中达到融会贯通的效果。可以为思维积累语言材料，提高人的思维与语言表达能力。无论多么有规律，仅仅是单纯反复是远远不够的。自我测试的方法就是露要一个人单独背诵。

把某份材料读一遍或两遍，然后背诵效果最好。背不下去可以看一下原文，这样进行自我测试可以很快且又能长时间记住。自我测试背诵或者自己鞭策自己为什么有效？

其理由有以下几点：

首先，比反复阅读同一篇文章的某一节的变化要丰富多彩。

其次，能够更适应成功与失败的原则。要求进步的意识会使你增加勇气，增强信心。当你察觉到错了时就会奋起改正。

最后，要加强阅读时的注意力。这一点肯定对加强正确的理解和观察有很大好处。

背诵的方法很多，以下是为青少年介绍的十种科学、有效的背诵方法：

①背诵的难度与篇幅并不成正比。背大段有用的文章要比背简短的佳句更为有益。背 20 行所需用的时间并不是背 10 行的两倍，而是更多些，然而背诵的材料越长，保持记忆的时间就越久。因此，背大段的有用文章要比背简短的佳句更为有益。

②背同一材料，理解的程度越深，记住量就越大。经试验，要记住 15 个单词需要读 8 次；而记 15 个意义相关的词则只需 3 次。

③背书一般可背到能凭记忆复述时为止，而后再去复习似乎是多余的了。然而，继续复习能增加对记忆内容所需的时间和数量。

④分散背诵要比集中背诵好。就是说，背诵时有间歇比无间歇好。多背几天，每天背上 15 分钟，比在一两天内半小时、一小时地背诵效果更好。在学习间歇，要多变换休息方式，这样可使我们的记忆力得到很好的休整，大家不妨试一试。背记的材料越长越复杂，就越能显示这种休整的优越性。

⑤材料的头 16 行最好完全照本背诵下来。

⑥千万不要向后记前忘的暂时困难屈服。人们在一段一段地背诵时，常常在临结束前归纳一下全部材料，这时往往觉得记住了后边的又忘掉前边的，仿佛还得重新开始，于是产生失望情绪，似乎前功尽弃，徒劳无益。力戒向这种暂时的困难屈服，因为在背诵过程中出现的这种情况人人都在所难免。

⑦背书时，复习的时间要用得多一些。如果只是连续多次地读

一篇材料，那么隔 4 个小时，尚可记住它的 16%；如拿出所花费的 1/5 时间进行复习，则可记住 19%；如拿出 2/5 的时间复习，则可记住 25%。我们在背书时复习的时间要用得多些，而不要总是不断地重读，这样做更为有益。

⑧俗话说"抄一遍胜读十遍"，指导学生背诵时可采用先读再抄，抄完再读等多种方法，使学生养成动手动脑的习惯，达到快速背诵的目的。

⑨如有两篇长短不同的材料需要背诵的话，最好先背篇幅较长的。

⑩在背诵和休息期间睡上一觉，会记得更牢。我们要在背诵和复习的休息期间睡一觉。记住的材料就不会忘掉。但如果不是睡觉，而是做别的事情，那么在休息期间便会有所遗忘。

自我测验、背诵，都是自己督促自己的方法，所以多能获得良好的效果，因为：

第一，自我测验，可以使用变化的方法去反复阅读同一篇文章的一节；

第二，自我测验适宜于观察自己的成功或失败的原则，你意识到自己的进步，可以增加你的勇气和自信，犯了错误，可以努力改过；

第三，自我测验在阅读时注意力强，可以得到正确的理解与观察。我们对于学识或其他事物，如果经过刻苦学习，总比粗心大意学习记忆得长久。

须知，人在睡觉中不会记忆，但也不会遗忘。

但是在学习的时候粗心大意既不会有集中的注意力，学习过后，又不作复习，自己认为已经记住了，事实上日后回忆起来，却一点也没有记住，这是徒劳无功的。所以我们对于学识或其他事物的学习，要想得到长久的记忆，就必须作刻苦的学习，即是在学习过后，一定要有规它的时间来年习它们。这样，才有可能把它们准确地记忆，并且能记忆得长久。

心理学家对于这种复习的方法，叫做"过剩学习"。另一方面对于学识或事物，只是一味地学习，过后并不应用，也是会忘掉的，如对一种学识或事物作过剩学习，初期很下功夫，以后规定每一定间隔期间予以复习，那么就会收到较好的效果。

例如：我们听过某一个单字，只听过一次，就很容易忘掉，但我们若作过"过剩学习"，即是在最初学会之后，不断地练习使用，就不会忘却了。

综合上面的情形，我们可以得到增强有意记忆的重要的方法：新的事物、新字、人物、观念等，要尽可能地反复温习或回想，使它深刻地固定在脑海中。新的事物或新字，要有规律地间隔反复使用，每次不要过多。

在记忆的时候，要反复作自我测验的背诵。学习了一种事物，以后要常常地背诵温习。